U0298549

探访天上湖泊

——西藏生物多样性科考记

赵文　张鹏◎著

中国农业出版社
北　京

图书在版编目（CIP）数据

探访天上湖泊：西藏生物多样性科考记 / 赵文，张鹏著. —北京：中国农业出版社，2023.2
ISBN 978-7-109-30454-3

Ⅰ. ①探…　Ⅱ. ①赵…　②张…　Ⅲ. ①生物多样性—科学考察—西藏　Ⅳ. ①Q16

中国国家版本馆CIP数据核字（2023）第064838号

中国农业出版社出版
地址：北京市朝阳区麦子店街18号楼
邮编：100125
责任编辑：王金环　尹　杭
版式设计：小荷博睿　　责任校对：吴丽婷
印刷：北京中科印刷有限公司
版次：2023年2月第1版
印次：2023年2月北京第1次印刷
发行：新华书店北京发行所
开本：787mm × 1092mm　1/16
印张：13.75
字数：200千字
定价：160.00元

版权所有 · 侵权必究
凡购买本社图书，如有印装质量问题，我社负责调换。
服务电话：010 – 59195115　010 – 59194918

前言

FOREWORD

西藏自治区是我国湖泊最多的地区。在国家科技部科技基础性工作专项资助下，我们的科考队历时四年，多次探访湖泊广布的藏北高原，对藏北湖泊内的浮游生物开展野外调查。同时，对高海拔、高温差、强日照辐射和高原低氧环境下，西藏生物多样性的产生与物种适应机制做了更为深刻的研究和探讨，可为科学合理利用“世界屋脊”特殊地质地貌环境下的宝贵生物资源提供参考。本书以介绍盐湖生物多样性为主线，图文并茂，语言生动有趣，对藏北野外科考过程做了真实的还原和记录，适合广大生物学与生态学爱好者和相关专业从业人员阅读和参考。

各章内容的作者分工如下：第一章，张鹏；第二章、第三章、第四章，赵文、张鹏；第五章，张鹏。

序言一

PREFACE 1

西藏是我国的一块神奇土地，那里离天很近，那里湖泊众多，那里有很多令人难忘的故事。我与西藏盐湖的不解之缘要感谢两个人，一个是我的授业恩师——大连海洋大学的何志辉教授，一个是盐湖中心的郑绵平院士，恰巧他们都是福建人。1981年我考入大连水产学院，学了何志辉教授讲授的“淡水生物学(下册)——淡水生态学”，自此我受到生态学的启蒙，以致后来对水域生态学有了浓厚兴趣。1989年我考取大连水产学院硕士研究生，师从何志辉先生，研究三北地区内陆盐水的浮游动物，课题来源于何先生主持的国家自然科学基金项目。从那时候开始就进行盐湖调查，如晋南的盐池、硝池和北门滩，河北张家口坝上库伦淖尔、九连城淖等，吉林西北部庆平湖和农安的波罗湖等，还研究过姜作发研究员提供的新疆艾比湖和柴窝堡湖的生物样品，但没有涉及西藏盐湖。1996年我从吉林农业大学考取青岛海洋大学博士研究生，师从李德尚先生，后因课题研究需要，董双林教授成为我的第一博士生导师，我很幸运地有了两位博士生导师，研究黄河边高青盐碱池塘的生物多样性。因为有了上述学习研究经历，使我与西藏结缘，通过何先生推荐结识了郑绵平院士，才有了西藏之旅，才有了写作这本书的想法和素材。

开展西藏盐湖生物研究首先要感谢郑绵平院士的支持，从鉴定1999年西藏调查样品到先后两次进入西藏羌北无人区进行科考，再到后来我自行主持的国家自然科学基金项目，以至与中国科学院水生生物研究所陈毅峰研究员合作的科技部重大基础专项，我与西藏结缘整整23年。

高原反应是我到西藏科考遇到的第一个障碍，记得2001年我与学生刘永良初上高原，我先行出发，认识了考察队中来自陕西省地质矿产勘查开发局区调队的高洪学先生。在拉萨适应了14天，才与郑院士带领的大部队会合出发。正是高洪学先生丰富的高原野外经验帮我度过了初上高原的艰难，使我知道身处高原如何避险。最初从拉萨贡嘎国际机场刚下飞机，到被司机拉巴次仁开车接入拉萨后的头重脚轻和兴奋，在宾馆住下就卧床，想走出房间却没有成功，大睡3天3夜，而后又连续7天7夜失眠，胸闷气短，吃了很多丹参滴丸，当然还有高原安和红景天。高先生一再叮嘱，在高原野外作业一般的原则是"安全第一，工作第二"，干任何事不能着急，原则是"一慢、二慢、三慢"。这些都成了我以后西藏之行的安全之要。

第二次赴高原是2002年3月，是参加西藏自治区政府组织的联合科考队，我独自代表大连海洋大学参加。这次在拉萨，由我和陈宏武工程师、刘喜方研究员打前阵，仅适应2天，而且是在刚刚准备好物资和参与自治区组织的联合科考前的宣传誓师活动之后就出发了。早中风寒，我们中午出发，晚上在高雄住下，第二天晚上到达班戈，当晚我高烧不退，口冒血痰，凌晨陈工陪我到县卫生院打了一天吊瓶不见效果，郑院士听取医生意见，说我的病情不容乐观，马上取消了我的行程。正巧当晚县长"巴桑"要去拉萨开会，我得以搭车去拉萨看病。那时还没有像样的公路，大雪纷飞，用了7个小时赶到拉萨市第二人民医院，经诊断我得了大叶性肺炎，是记不清名字的县长救了我一命。在医院除了打针消炎就是吸氧，拉萨市海拔也有3 650米，这样不行，我要返回平原，随即把零散物件打包交给拉萨政府办事员柴桑次仁先生，我乘机经北京回大连。当我穿着厚厚的身后标记有"羌北无人区科考"字样的波司登羽绒服，满身药水味地出现在拉萨贡嘎国际机场时，一名年轻的值勤武警帮我拿着行李过安检，我感受到了严寒中的温暖。一到北京，呼吸到首都的空气，在宾馆冲了一个热水澡，大病似乎全好了，尽管回到大连我还是打了半个月吊瓶，也没有住院休息。总之，在西藏进行盐湖研究的20多年中，充满了传奇和艰辛，从2001年在海拔6 000米的青风岭上翻车、在结则茶卡大潮中翻船、在阿鲁错与群狼为伍，到在鲁玛江冬错漫天大雪中与成千上万野驴为伴……没有欣赏到什么班戈谐钦，却感受到了酥油茶的馨香；没有看到什么林芝风光，却感受到了布达拉宫的巍峨。时光流转，到了2007年，开始了我们自行组织的西藏之旅，于是有了此书中我们在懂错大雨中陷车的故事。

自2001年以来的西藏之行记录如下。

2001年3—6月，赵文和养殖1997级的刘永良参加郑绵平院士组织的西藏无人区科考。

2001年11月25日至12月25日，王海雷只身去西藏班戈县采集西藏拟溞。

2002年3月初，赵文参加第三次藏北无人区综合科学考察。

2007年，赵文、邢跃楠、袁显春、殷嘉捷、黄文五人西藏行。

2014年4—5月，郭长江去西藏进行合作项目——“西藏盐湖锂钾资源调查评价”的采样。

2014年8月22日至9月30日，张鹏、彭国干赴西藏与陈毅峰项目组一道进行重点专项首次采样。

2015年5月3日至7月8日，张鹏、彭国干、张天民、景泓杰赴西藏与陈毅峰项目组二次开展采样。

2016年7月28日至8月5日，张天民、安浩、季世琛赴西藏那曲采样。

2017年5月17—28日，赵文、安浩、季世琛赴那曲完成春季采样。

2017年10月29日至11月5日，刘林、安浩、季世琛3人赴藏，赶上大雪封山。赵文于11月5日从天津去拉萨，11月7日接回患重病的刘林入住中国人民解放军第三〇二医院，冬季采样半途而返。

2018年6月28日至7月7日，赵文、张鹏、杨板、王哲赴那曲完成夏季采样。

2018年9月20—29日，赵文、张鹏、杨板、李宇轩赴那曲完成秋季采样。

本书的完成感谢上述提及的样品采集者和协助者，也感谢魏杰、王珊、孙静娴老师等在部分资料和绘图上的帮助。合作者张鹏副教授在硕士研究生期间即开展西藏拟溞染色体核型研究，也注定了他与西藏盐湖的缘分。高原风光挥之不去，高原情结历久弥新。心中诗意油然而生，歌曰："我在高原独处／离天已经近了／周围群峰高耸／还有雪山巍峨／我毅然决定攀顶／希望离天更近／山高我为峰，当临／险峰已无限风光／上面仍是云／上天自然是无望／不如俯瞰大地／下面又是一番美景／羊群、牛群和湖群／地平无坎坷，温馨。"总之，我们的西藏之旅仍然在路上，盐湖生态学研究至今还没有画上句号。

谨以此书献给那些为探究自然奥秘而不辞辛苦的人们！

赵文

2022年6月于大连

序言二

PREFACE 2

有时候，人与人之间的缘分真是值得玩味。2002年3月，赵文教授参加西藏科考任务，因病被迫提前返回大连。当时，刚刚获悉无缘中国科学院上海生命科学研究院的我，正在吉林农业大学（以下简称“吉农”）的寝室里忙碌地拨打电话，希望找到一所高校调剂。不久之后，厦门大学（以下简称“厦大”）向我伸出了橄榄枝，但却因为该校传真机突发故障，未能接收到我发出的材料，使得我与厦大失之交臂。我们是报考研究生人数大增的第一届，当年的调剂工作也是开展得如火如荼。随着各大高校招生名额陆续满额，调剂的窗口开始慢慢关闭。当我心灰意冷地拨通了最后一个电话时，对方研招办的老师兴奋地告诉我，一位导师恰好在研招办，认可我的考研成绩和专业方向。于是，我就来到了大连这座美丽的城市。后来，听我的导师赵文教授讲述那段西藏科考的经历，才知道假如他当时不是因病提前回校，恐怕也就没有我们师生的这段缘分了。

进入实验室以后，同是吉农过来的王巧晗师姐，给了我很多帮助。当时，她的论文课题是西藏拟溞的基础生物学研究，而其中的染色体核型分析部分始终无法取得实质性的进展。由于我的论文试验也要用到染色体技术，王师姐就将西藏拟溞的染色体研究任务转交给了我。那是我第一次如此“接近”西藏，是来自西藏湖泊的这位黑黝黝的小主人将我和西藏的距离拉近了。或许是我跟西藏之间原本就有很深的缘分，又或许是这位叫做西藏拟溞的小家伙跟我有眼缘，短短几个月的时间我就成功做出了西藏拟溞的染色体滴片，一条条短棒状的染色体赫然呈现在眼前。在赵文导师的指导下，文章发表在了大连水产学院学报，也成为西藏拟溞基础生物学的研究成果之一。

时光荏苒，2012年9月，博士毕业返校工作不久的我，受农业部和商务部派遣，作为援南非专家组成员之一，前往南非农林渔业部开普敦海洋渔业研究所开展技术交流。开普敦海岸线展现出的生物多样性之高令人惊叹，而研究所内部的墙画和海滩步道上的展板，以生动形象的方式向市民宣传海洋生物与生态保护的知识，更是给我留下了深刻的印象。作为一名具有多年科普写作经验的生物学家，当时我就希望能有机会写一本自己的科普作品，将水生生物所处的那个妙趣横生的世界讲给读者听。2014年夏，这个机会终于来了，我有幸随赵文教授参加了中国科学院水生生物研究所主持的“藏北典型湖泊水生生物资源本地考察”项目。从飞跃非洲最南端的好望角领略海洋的浩渺无边，到登顶世界屋脊探秘藏地的雄伟神奇，一段又一段充满冒险趣味的旅程令我难以忘怀。

西藏的科考历程可谓五味杂陈，难以用一两句话表达清楚。那片神秘的高原阔土，有需要克服的高原反应，有意想不到的艰难险阻，又有着令人魂牵梦绕的水天一色、皓月长空。我是一名从事了十几年进化生物学和生物多样性科研教学工作的科学家，深知“进化”是一把打开生命奥秘之门的金钥匙。在本书的写作过程中，我始终遵循着生命进化演变的思路，将自己多年的所思所想所知所学分享给广大的读者朋友，希望本书能够成为专业和非专业人士均会喜爱的读物。如果青少年读者中能有人因为读了这本书而爱上生命科学，立志于将来从事生命科学相关研究工作，那么我觉得这也算是作者和读者之间通过西藏建立的缘分吧。

2022年7月于大连

目录 CONTENTS

摸鱼儿·羌北采样记事

拉萨经，北行那曲，别离春夏冬入。怜冬常见风吹雪，何惧去程归路。春且夏，雪冰顾，茫茫荒野无禾树。慎独几许，仅气喘吁吁，望天呼主，木讷忘他语。

盐湖事，采样生查计数。羚羊萌有人护。黄鸭野兔入佳赋，靓影倩形谁妒？君气鼓，君听唤，万难千困皆需舞！取长损补，为义倚危栏，齐心力保，多样万生酷。

CHAPTER 1 西藏湖泊——映照天堂的镜子

1.1 西藏地质演变历史

西藏是一片神奇的土地。那里不仅是全世界驴友和探险者心驰神往的圣地，也是文化界和科学界永远挖掘不完的一座宝藏。

图1-1　美丽雄伟的布达拉宫

从目前的地质资料来看，西藏高原是周围高、中间低的椭圆形结构，也就是地壳下层是一个椭圆形盆地。从地壳下层盆地向上，与盆缘斜坡相应的位置上，在地壳表层却是连绵不断的雄伟山脉。喜马拉雅山脉，全长2 400千米，平均海拔高度在6 000米以上。全球海拔在8 000米以上的山峰，多分布在喜马拉雅山脉。昆仑山、唐古拉山以及藏东、川西诸山脉，都位于地壳下层盆缘上，而且边缘越陡，地面山脉越高。地壳下层盆地中部，地表地形则相对平缓简单。

根据造山运动与板块学说，西藏高原的隆起与山脉形成是地壳构造运动的产物，是长期地壳活动的结果，包括南北向与东西向的挤压旋扭（压扭）。

从印支期开始，经历了燕山期和喜山期，西藏地区主要表现为顺时针方向的压扭，而在两个主要的顺时针压扭之间，又有逆时针方向的压扭存在，三叠纪在芒康地区就有逆时针的压扭现象。这种逆时针方向的压扭，可能是两个主要的顺时针压扭之间的弹力回跳现象。

长期以来的挤压、扭动，好似用手捏泥巴一样，使西藏地区在印支—燕山期由北向南、由东向西，后来受阻于印巴地块，喜山期至今又由南向北、由西向东，自然抬升，就像两只大手在反复搓动，把地表塑造成四周较高、中间稍低的整体抬升高原地貌。各个山脉的形成，是高原整体垂直抬升过程中出现的不均衡现象，本质上仍是地壳水平运动的结果。

值得注意的是，早期印支运动发生在中三叠世至晚三叠世早期，晚期印支运动发生在晚三叠世至早侏罗世早期，运动方式从过去的推挤转变为旋扭。随后的燕山运动，使特提斯海明显收缩，岩浆活动亦十分强烈，而喜山运动终于将海水从西藏

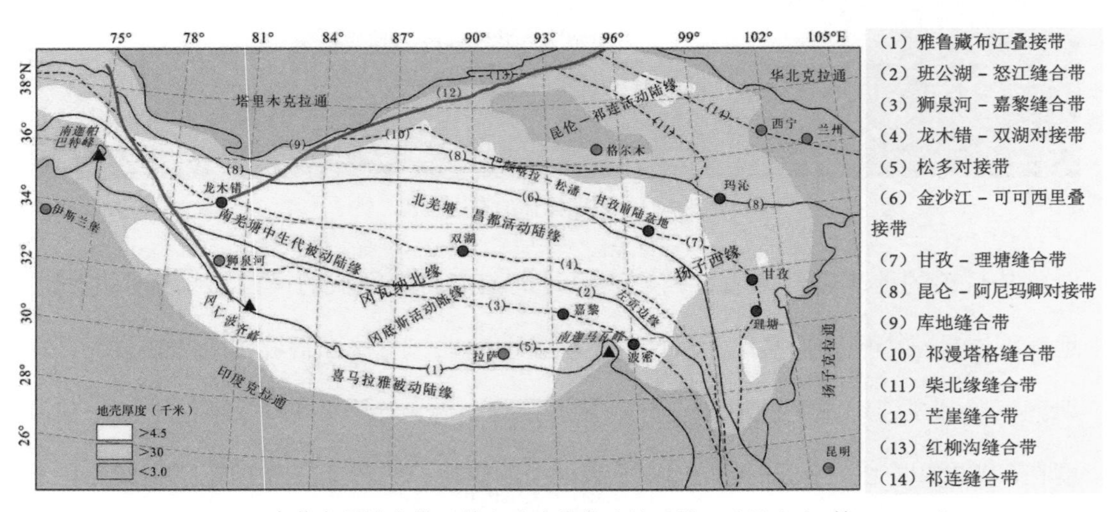

图1-2　青藏高原缝合带及其大陆边缘构造地质简图（曾庆高 等，2020）

赶出，没有被赶尽的海水滞留在西藏内部，形成了湖泊。

由此，历经几千万年时间的造化，曾经的沧海变为如今的高原，成为地球大陆板块运动的典型物证之一。

1.2 西藏气候变化趋势

20 世纪，全球地表平均气温升高了0.74℃。在过去的50年中，全球变暖趋势更为明显，而在过去的100多年中，西藏年平均气温升高了3.7℃，远远高于全球平均升温速度。西藏是除格陵兰岛和极地外最大的冰川分布区，约有冰川36 800条，总面积为49 873.44平方千米，占中国冰川总数的79.5%，总面积的84%。近年来，气候变暖使藏区冰川迅速退缩，导致越来越多的冰川融水流入下游湖

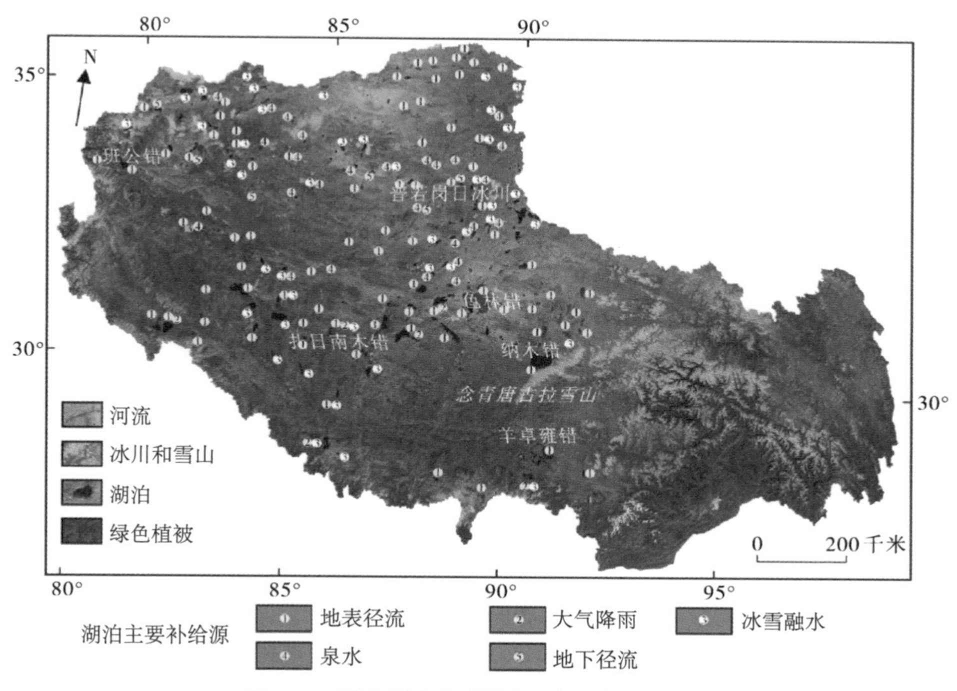

图1-3　西藏湖泊遥感影像（闫立娟，2020）

泊，使湖泊水位升高，或形成新的冰川湖。通过卫星遥感影像和气象观测获得多时间尺度数据，对于研究西藏湖泊动态变化特征及其对气候波动的响应提供了方便。

气候变暖使得西藏湖泊的数量和面积均明显增加。2017年，西藏有面积大于0.5平方千米的湖泊共1 395个，面积大于100平方千米的湖泊共68个。2017年，西藏湖泊总面积已达34 736.94平方千米，湖泊总面积比1973—1977年、1989—1992年、1999—2001年和2008—2010年分别增加了47.23%、28.82%、19.00%和6.27%。

令果错是一个典型的湖泊受到气候变化影响的案例。令果错位于西藏自治区尼玛县，水位海拔为5 051米，为硫酸钠亚型淡水湖。湖泊流域面积1 550.4平方千米，主要依靠西藏最大的现代冰川普若岗日冰川的冰雪融水和16条内流河进行补给，其中最大的一条内流河发源于普若岗日冰川。据2017年遥感影像，普若岗日冰川面积为402.24平方千米，比1976年时萎缩了20.31平方千米，占1976年冰川总面积的4.81%。1976—2017年，令果错的面积却从96.88平方千米扩张到134.35平方千米。令果错和普若岗日冰川的面积波动呈负相关，冰雪融水的增加是湖泊扩张的主要因素。

西藏部分地区常年被冰雪覆盖。19世纪中叶以来，气候变暖加剧了冰川的退缩。20世纪60年代至2000年，喜马拉雅山脉北部的冰川萎缩了10%。20世纪70年代至2019年，伯舒拉山脉的冰川萎缩了12.7%。伯舒拉，藏语意为“勇士山麓”，位于藏东南地区，呈南北走向，长约320千米，属于横断山脉最西端的山脉，余脉延伸到云南贡山县后改称高黎贡山。冰川融化为西藏湖泊水量提供了重要水源，也重新塑造着西藏高原的整体生态面貌。

总体而言，西藏地区的气候正在变得越来越“暖湿”，气温升高、降水量增大、蒸发量减少等因素，导致西藏湖泊的数量与面积双双迅速攀升。

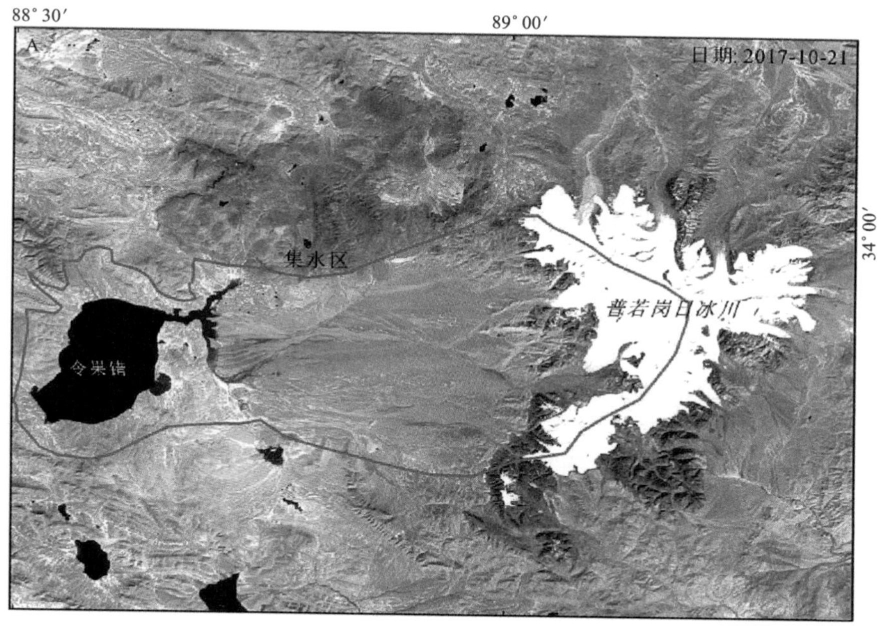

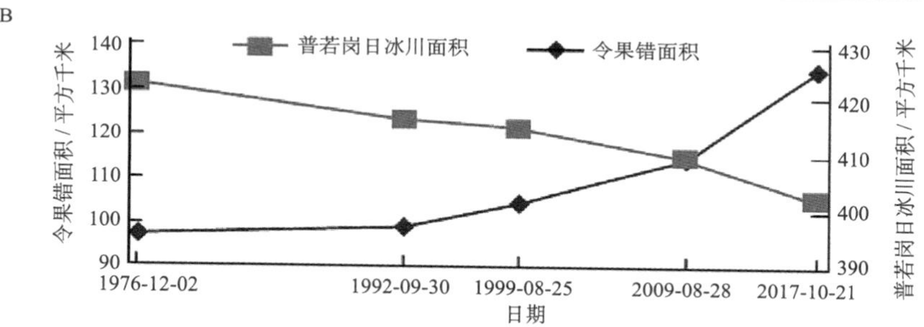

图1-4　令果错集水区(A)、令果错和普若岗日冰川面积波动(B)(闫立娟，2020)

1.3 西藏湖泊类型特点

青藏高原分布着约1 200个面积大于1平方千米的湖泊，占中国湖泊数量与面积的一半，也是黄河、长江、恒河、印度河等大河的源头，被称为“亚洲水塔”。

1.3.1　西藏湖泊类型分布

根据水系的组成特点，湖泊可分为外流湖和内陆湖两类。根据西藏水系和湖泊的分布特点，境内湖泊可划分为三个区，即藏东南外流湖区、藏南外流-内陆湖区、藏北内陆湖区。

1.3.1.1 藏东南外流湖区

藏东南外流湖区，大体是指东经92°以东的外流流域，流域总面积约为34万平方千米，地貌类型以高山峡谷为主。因受地形地貌影响，该区湖泊数量少，面积小。区内最大的湖泊为尼洋河支流上的巴松错，面积为26平方千米；其次，是帕隆藏布上的然乌错、易贡藏布上游的易贡错及金沙江支流上的本错等。

本区湖泊总面积仅有238平方千米，不足西藏湖泊的1%，是西藏湖泊最少的区域。这里的湖泊与冰川发育有密切关系，许多湖泊是在冰川作用下形成的，冰川作用影响着湖泊水情。

1.3.1.2 藏南外流－内陆湖区

藏南外流-内陆湖区是指东经92°以西，冈底斯山以南的区域，大体包括喜马拉雅山与冈底斯山之间狭长的弧形地带，是内陆湖和外流湖交织过渡的地区。该区湖泊总面积为2 549平方千米，占西藏湖泊面积的10.5%。其中，外流湖数量少、单个面积小，成因和分布也多与冰川活动有关，总面积为160平方千米，只占藏南湖泊面积的6.3%。而内陆湖面积为2 389平方千米，占藏南湖泊面积的93.7%。

这些湖泊大部分都不连续地分布在喜马拉雅山北坡，雅鲁藏布江以南地带。以羊卓雍错面积最大，为638平方千米。本区内所有外流湖都是淡水湖，内陆湖的矿化度也很低，有的也是淡水湖。资料证明，藏南较大的内陆湖泊大都由外流湖泊演变而来。

1.3.1.3 藏北内陆湖区

藏北内陆湖区是指沿冈底斯山脉及念青唐古拉山脉以北的广大藏北高原。全部范围约59万平方千米，湖泊面积为21 396平方千米，占西藏湖泊总面积的88.5%，占全国湖泊面积的30%以上。其湖泊类型多样，淡水湖少，咸水湖多，盐湖丰富，面积在1平方千米以上的各类盐湖大约有251个，总面积约为8 000平方千米。该区北部降水少，水源不足，入湖河流比较短小，多为时令河，湖泊单个面积不大，且分散而孤立；南部降水相对较多，水系发达，湖泊相对密集，单个面积也大。在矿化度方面，东南部低，西南部稍高，北部最高，南部还间布有少量淡水湖。

按照面积统计，西藏湖泊中有97.9%属内陆湖，绝大多数分布在藏北高原地区，其中又以盐湖为主。据统计，在青藏高原面积大于1平方千米的湖泊中，盐湖数量占1/4，面积（8 225.18平方千米）占到30.46%。

1.3.2 西藏湖泊物理性质

西藏湖泊一般属温带型湖泊。在山体高大的冰川前缘，分布的湖泊多为极地型湖泊。此外，西藏温泉众多，还出现有一些热水湖。

西藏湖泊夏季水温垂线分布，除错尼（双湖）呈现出S形的特殊变化外，其余均呈正温层分布，偶尔有局部逆温层，梯度也很小。逆温层主要出现在清晨湖泊表面或湖体深处有温泉的地方。西藏湖泊水温低，变幅小，这是高原湖泊水文状况的重要特点之一。

高原湖泊由于水体较深、储水量大、热容量大、动力混合强烈，加之高原上辐射强、湖水透明度大，使得湖体能充分吸热，从而储热量大。由于西藏夏季到冬季降温剧烈，所以日平均释放热量较大。因地形等原因，高原湖泊对湖滨地区气候的调节作用更加明显。

高原上冬季漫长而寒冷，几乎所有的内陆湖泊都属冰冻湖。藏北地区冰情最重，藏南次之，藏东南最轻。淡水湖的冰点较高，在同一地区内最先结冰，这不利于动物冬季饮水。

西藏湖泊的透明度一般在1～10米，水色标号在3～8之间。西藏的湖水清澈，阳光中的红、橙、黄等长波易被水体吸收，而紫、蓝等短波则易被水分子散射折返湖面。此外，高原上的辐射又远比平原地区强烈。因此，西藏湖面多呈深蓝色。

1.3.3 西藏湖泊化学性质

西藏湖水矿化度差别很大。由藏东南向藏西北，由藏南向藏北，矿化度逐渐增高。藏东南外流区的较大湖泊均为淡水湖。藏南外流-内陆湖区主要是淡水和咸水湖，也有个别盐湖。藏北内陆湖区的湖泊矿化度明显高于上述两个区，区内南、北两部分也有较大差别，南部湖泊中咸水湖所占的比重最大，盐湖比例较小，此外还有少量淡水湖；北部则是西藏境内最干燥、湖水矿化度最高的地区。

西藏湖泊湖水中主要离子相对含量随矿化度大小而变化。随着矿化度升高，阴离子相对含量的变化如下：除CO_3^{2-}不明显外，HCO_3^-明显降低；Cl^-则急剧增加；SO_4^{2-}于咸水湖中增加，于盐湖中降低。阳离子相对含量的变化趋势：大体上Ca^{2+}类似于HCO_3^-，Na^+、K^+类似于Cl^-，Mg^{2+}类似于SO_4^{2-}。

西藏湖水中各主要的阴、阳离子的绝对含量与矿化度的关系，在各类湖泊中不尽相同。在咸水湖和盐湖中，Na^+、K^+和Cl^-与矿化度相关性较高；Mg^{2+}和SO_4^{2-}含量随矿化度的增高而以很慢的速度上升；Ca^{2+}和HCO_3^-含量几乎不随矿化度的升高而变化。在淡水湖中，HCO_3^-含量随矿化度的增高而迅速上升；SO_4^{2-}和Cl^-含量随矿化度增高而以很慢的速度上升。阳离子中，Na^+、K^+含量一般随矿化度增加而迅速上升；Ca^{2+}和Mg^{2+}含量在矿化度开始增高时都上升，在矿化度＞600毫克/升时，Ca^{2+}含量明显下降，而Mg^{2+}含量在有的湖中继续增加，在有的湖中则急剧下降。此外，随着矿化度的升高，往往在盐湖和咸水湖中富含硼、锂等元素，使得西藏湖泊成为重要的硼、锂资源储备库。

西藏淡水湖的总硬度一般不到5毫克/升，属于极软水、软水和中等硬度的水，并且总硬度与矿化度基本上呈线性相关。在咸水湖和盐湖中，总硬度与矿化度不存在明显的线性关系。

西藏淡水湖的总碱度一般也不到5毫克/升，个别可达10毫克/升。咸水湖和盐湖中的总碱度值相差悬殊，低的仅为1～2毫克/升，高的可接近1 000毫克/升。

咸水湖的总碱度多数大于总硬度，盐湖则多数小于总硬度。氢离子浓度在西藏湖水中普遍比较低，pH多超过7，湖水一般呈弱碱性或碱性。盐湖中pH在8～9之间，湖水大都呈弱碱性。

西藏湖泊由于矿化度的变幅很大，各主要离子组成关系也相应有显著变化，致使化学类型复杂多样。淡水湖多为重碳酸盐类（钙组水），其次为重碳酸盐类（钠组或镁组水）；盐湖绝大部分为氯化物类（钠组水）；咸水湖水型比较复杂，有硫酸盐类（钠组水）、碳酸盐类（钠组水）、氯化物类（钠组水）、硫酸盐类（镁组水）。这反映了咸水湖的水型具有从淡水湖向盐湖过渡的特点。

藏东南的湖泊全为重碳酸铵类，钙组水；藏南湖泊除重碳酸盐类型外，硫酸盐类水型明显增加，并以镁组水为主，钠组水为次；藏北南部湖泊水型虽然仍为重碳酸盐类和硫酸盐类型，但以钠组水为主；藏北北部则几乎完全变为氯化物类，钠组水。

对西藏湖泊生态系统变化的研究，有助于我们理解气候变化与人类活动对自然环境的影响，分清主次因素才能采取相应的保护措施。

例如，达则错（31.82º—31.98º N，87.42º—87.65º E）地处藏北高原腹地，位于西藏自治区那曲市尼玛县境内的一个断陷盆地中，海拔4 450米，属于碳酸盐型咸水湖。湖泊长21.1千米，最大宽度为16.9千米，最大水深为38米，湖泊面积和流域面积分别为245平方千米和10 885平方千米，补给系数为44.5，湖水主要依赖波仓藏布补给，结冰期为11月至次年4月。湖区严寒干燥，据距离达则错150千米的申扎气象站（30.75º N，88.38º E，海拔4 672米）相关数据显示，该地区1981—2012年期间年均降水量为316毫米，90%的降水在7—9月；年均气温0.55℃，年平均夏季温度（7—9月）为8 ℃。

达则错属于半对流湖泊，可能与湖泊深部湖水盐度较高有关。根据2012年8月实地观测数据，达则错温跃层在水深16～23米处，湖水pH为9.80～10.04，表层湖水盐度为14.69克/升，随着深度增加盐度也随之增大，湖水底层盐度为

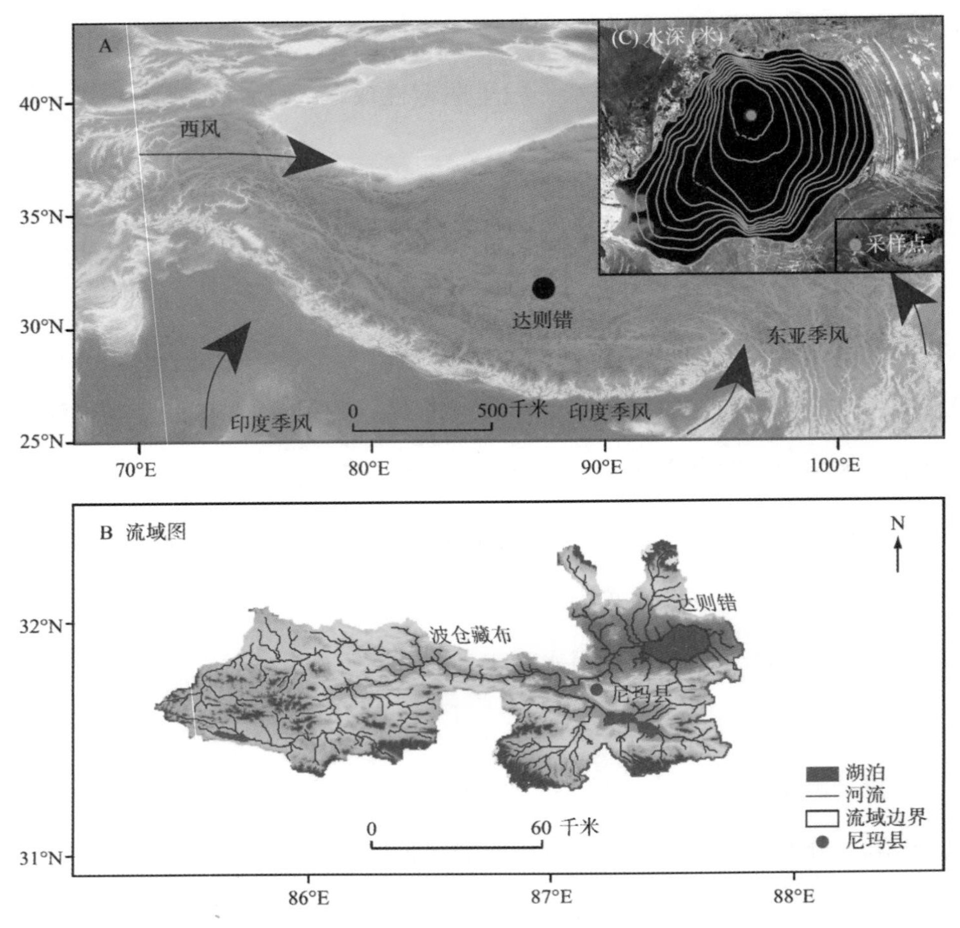

图1-5 达则错地理位置（A）、湖泊水系（B）和水深示意图（C）（李秀美 等，2021）

21.41克/升，在25～29米处出现盐跃层；表层湖水溶解氧浓度为5.42毫克/升，23～24米处溶解氧浓度最大为7.26毫克/升，底层湖水溶解氧浓度为0。湖水透明度较小，塞氏透明度盘测量深度为6米。湖区东部存在很多古湖形成的阶地，最高的阶地比现代湖面高约57米，表明达则错对过去气候变化响应敏感。达则错为无鱼湖泊，浮游植物以蓝藻、硅藻、裸藻、绿藻为主；优势浮游动物物种为西藏拟溞（*Daphniopsis tibetana*），占该湖浮游动物生物量的82.30%。

经鉴定，达则错沉积物中浮游动物残体主要为西藏拟溞的壳瓣和休眠卵。壳瓣就是这种小小生物的外壳，像是一件披在身外的夹克。休眠卵是它抵御寒冬的“绝技”，卵鞍呈豆荚状，内装两枚冬卵。当天气转暖严寒消退时，这些冬卵就能重新

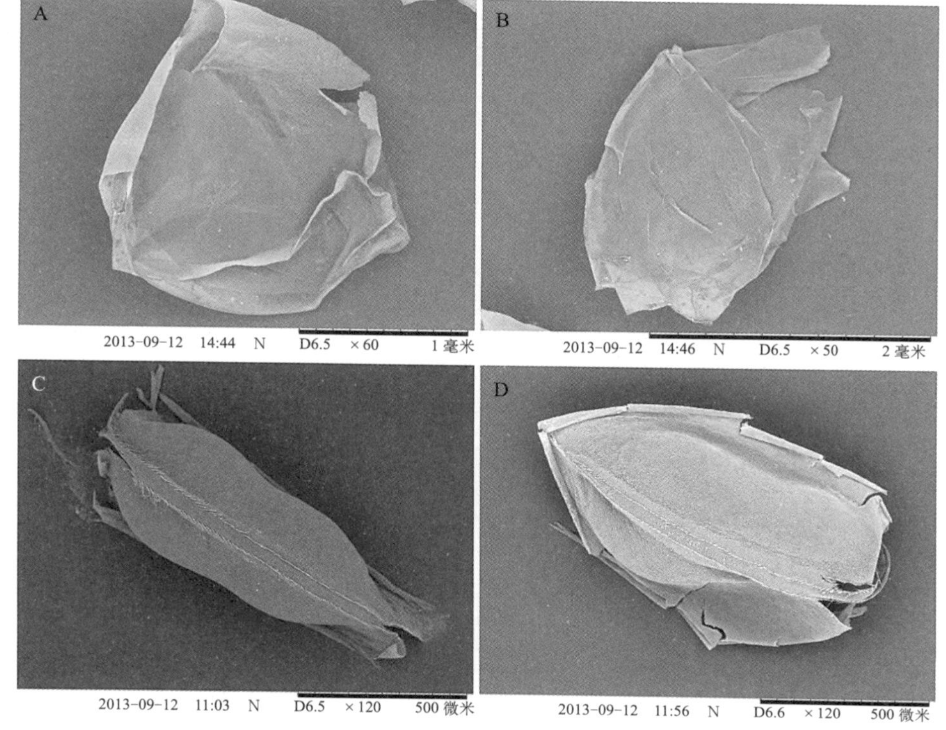

图1-6 达则错沉积物中的西藏拟溞壳瓣（A、B）和休眠卵（C、D）电镜照片

"萌发"，发育成新的个体。

有趣的是，在过去的1 000年里，达则错湖泊沉积物中西藏拟溞残体的丰度跟湖泊中总氮（TN）、总磷（TP）和总有机碳（TOC）含量大体上呈现较为一致的变化趋势。研究表明，沉积物中保存的西藏拟溞残体（壳瓣及休眠卵）不仅可以揭示在过去长时间尺度内西藏拟溞丰度的变动，还能进而反映西藏高原气候变化导致的温度、湖泊水位及营养盐浓度等变化的情况。

达则错的生态系统在人类活动影响下发生了显著的改变。在千年尺度上驱动达则错生态系统变化的主控因素是气候变化，而过去150年来大气沉降和人类活动污水排放取代了气候变化，成为影响该湖泊生态系统变化的主导因素。这对于预测湖泊生态系统演变和制定生态环境保护策略，可以提供科学的参考。

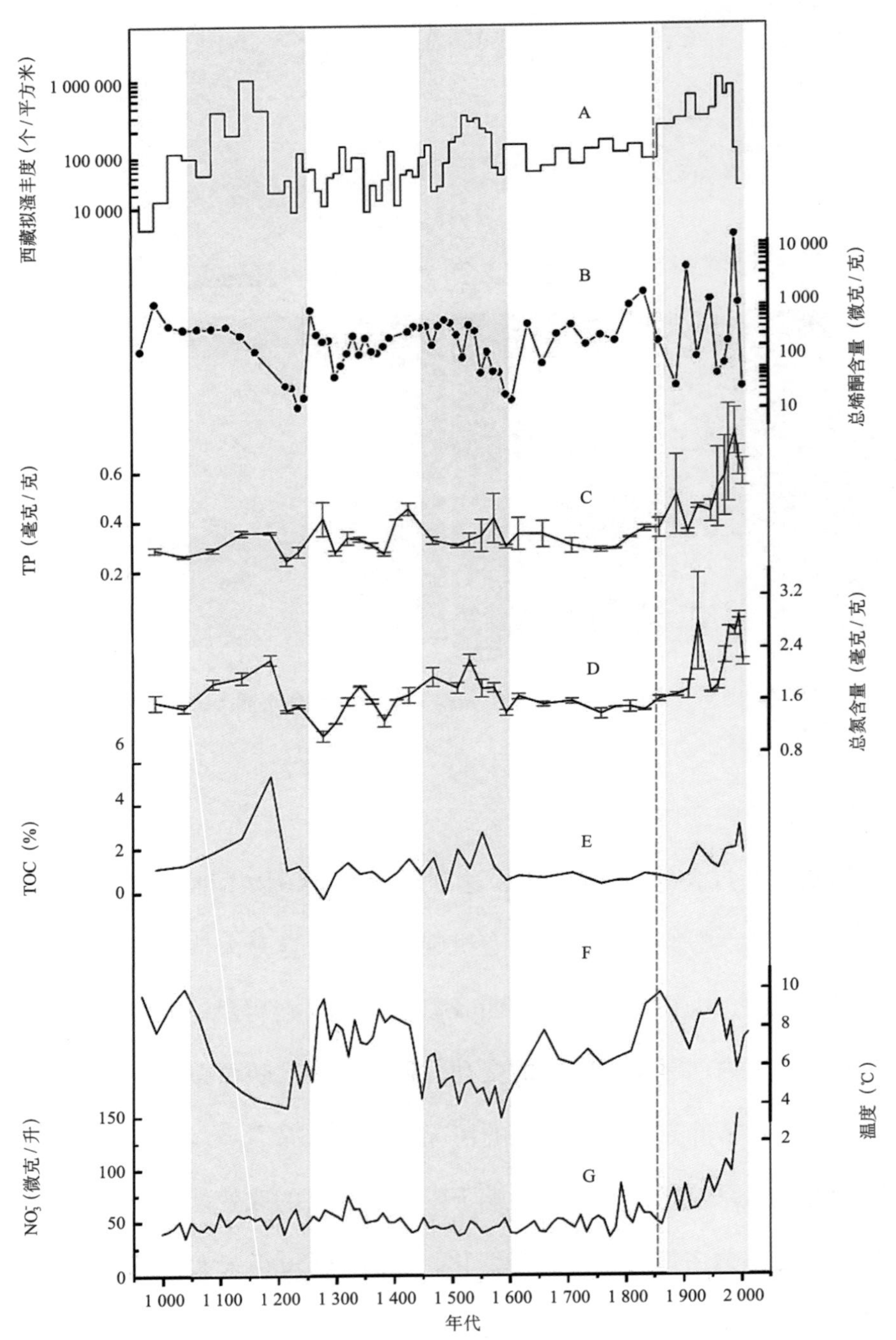

图1-7 过去1 000年达则错西藏拟溞丰度（A）、总烯酮含量（B）、总磷含量（C）、总氮含量（D）、TOC含量（E）、温度（F）记录以及达索普冰芯NO_3^-浓度（G）变化

紫色阴影指示湖区低温时段，橙色阴影指示湖区受人类活动显著影响阶段，红色虚线指示达则错生态系统开始发生显著变化的时间。

1.4 水中精灵浮游生物

近年来，每逢春夏时节，大连的大黑石、小黑石、金石滩、葫芦岛、瓦房店驼山等海域，都会出现宛若梦幻的“荧光海”，仿佛星河坠入人间。

人们对海洋生物的认知，通常是来自那些体形较大、游泳能力强、能主动做远距离游动的生物，生物学家称之为游泳生物，又称自游生物，包括鱼类、水生哺乳类等。

实际上，让海洋发出荧光的真正角色是浮游生物。所谓浮游生物，是指不能主动进行远距离水平移动的生物，只能依靠波浪、水流的运动“随波逐流”。它们大多体形微小，通常用肉眼难以看清楚，只有在显微镜下才会显露出真实样貌，因此平时很少引起人们的注意。

生物学家将浮游生物分为浮游植物和浮游动物两大类群。创造“荧光海”美景的通常是浮游植物中的鞭毛藻类（dinoflagellate)。鞭毛藻不是一种生物的名称，而是金藻门、裸藻门、隐藻门、甲藻门和绿藻门团藻目中，那些具有鞭毛的藻类的统称。

美国哈佛大学海洋生物学家伍德兰德·哈斯廷斯通过实验发现，鞭毛藻体内有独特的蓝色荧光基因，这种基因能控制细胞膜内的一种特殊蛋白质，令细胞膜开通一条可以产生电流的通道。电流通过这条通道之后，刺激鞭毛藻的荧光蛋白发出荧光。

鞭毛藻并非时时都发光，它们在受到外界干扰时才会像萤火虫那样发光，因此往往在夜晚涨潮的时候可以看到成片鞭毛藻发出的蓝色荧光，风浪越大，荧光越强；相反，在风平浪静的海面上是看不到这样的荧光的。

海洋中有许多浮游生物都能发出荧光，包括发光细菌、放射虫、水螅、水母、鱼、虾等，但鞭毛藻喜欢聚集在一起，当它们在海岸附近大量繁殖时，就创造了

“荧光海”奇观。在拉丁美洲波多黎各群岛中的维埃克斯岛附近，“荧光海”的制造者是一种叫做沟鞭藻的鞭毛藻类，每升海水含有20万个藻体。

从海洋环境保护角度来看，荧光海是海洋赤潮爆发的表现。人类活动向海洋中排放了过量的氮磷营养物质，导致鞭毛藻大规模快速生长繁殖，说明海洋呈现出富营养化状态。幽幽蓝色荧光之下，鞭毛藻大量消耗着水中的氧气，容易造成水中溶解氧含量不足，造成其他海洋动物窒息死亡。同时，某些鞭毛藻如甲藻，还会合成生物毒素，积累到贝类体内形成贝毒，威胁人类食品安全与健康。

虽然西藏湖泊中的浮游生物种类并不十分丰富，但为了适应西藏高原严酷的气候条件，这些水中仅存的“小精灵”顽强地生存着，展现了大自然的神奇力量，构成了西藏湖泊特殊的浮游生物群落结构。我们告别了大海的荧光蓝，去拥抱高原的藏青蓝。水天一色之下，别有一番神奇意境。

图1-8　水天一线的西藏湖泊

江城子·西藏十日

藏旬劳碌采撷忙，首安乡，次班央，九样七湖，生取水瓶装，秋润师徒羌北走，天近也，赏云裳。

懂蓬兹纳色巴班，看牛羊，错滨芳，鸥鸟黄鸭，菊翠美羌塘，打水捞虫无所怨，环顾乐，阅秋黄。

CHAPTER 2 准备出发——我们需要做什么

2.1 计划路线

拉萨是我们科考路线的起点。在拉萨市的超市、邮局或商业街铺，买一张最新版的西藏自治区地图十分必要。尽管智能手机上的电子导航功能越来越强大，但是传统纸质地图在西藏这个特殊的地方，依然有用武之地。特别是我们要调查的湖泊，主要位于人迹罕至的旷野之地，手中的纸质地图可以让人对各个湖泊的方位有一个宏观上的把握。为了让读者更清楚地了解科考行程，我们手绘了一张简化版地图用以说明，星罗棋布的湖泊与纵横交错的主路，在图中一览无遗。

图2-1 藏北湖泊科考路线手绘示意图

从拉萨出发沿着国道G109行使至当雄县，这几乎成了进入藏北腹地的必经之路，全程大概170多千米，需要2～3小时的车程。西藏的日出日落时间都非常晚，如果在早上9时日出时启程，中午12时左右刚好到达当雄吃饭。在拉萨与当雄之间，差不多正好是一半路程的地方，有个叫做羊八井的镇子，属当雄县管辖。那里有著名的羊八井温泉，其规模宏大，超过7 000平方米，包含喷泉、间歇喷泉、温泉、热泉、沸泉、热水湖以及罕见的爆炸泉。由于温泉矿物质含量高，据说浸浴其中可治疗多种疾病。

当雄旁边还有西藏著名的圣湖纳木错，已经成立了纳木错国家公园，这些优越的地理条件让当雄县占尽了发展旅游业的优势。然而，我们从事科考工作，与这种旅游休闲项目总是相距甚远，每次经过只能“痴心妄想”一下。

图2-2　纳木错

从当雄沿国道继续向北就到了那曲市，这是西藏自治区面积最大的市级行政单位，也是藏北湖泊的主要分布区域。我们的湖泊科考基本都是在那曲开展的。那曲市区的平均海拔约为4 500米，人会明显地感受到高原反应，这也是初次入藏者适应超高海拔的一个很好的缓冲地。那曲市内的生活条件虽不如拉萨优越，但也比县城和乡镇要好得多。那曲的冬虫夏草品质最佳，也是那曲最有名的生物资源。国家对天然虫草资源的保护力度加大，当地藏民也越来越懂得可持续利用的道理。每年到了采收的季节，藏民都会小心翼翼地将翻起的草皮重新压实平整，这样到了明年才能再长出新的虫草。

图2-3　那曲（摄于2014年8月前往那曲市的国道旁）

从那曲市再向北就是安多县，距离青海省边界已经不远。安多县平均海拔约为5 200米，每次到了这里，张鹏都会因为强烈的高原反应而倍感不适。安多县西部有两个湖泊，一个是紧邻强玛镇的兹格塘错，另一个是距离扎仁镇不远的错那。由于有省道相连，从安多县一早出发去采集这两个湖泊的样品，傍晚时分刚好可以返回休息。

图2-4　兹格塘错（摄于2018年7月）

图2-5 那曲市内典型的藏式风格宾馆

从安多县到西部的班戈县有省道可以直达。如果不赶上修路限行的话，这一段路况还是很不错的。安多的食宿条件比较差，经常赶上县城里大兴土木，一片尘土飞扬的景象。由于地邻青海省，很多游客从青海进藏必经安多，所以近些年该县旅游经济发展迅速，宾馆数量也越来越多。

图2-6 安多县（摄于2014年9月）

如果不想在安多逗留太久，可以在采集完兹格塘错和错那的样品后，直奔班戈县。这个小县城有点小而精的感觉，虽然平均海拔也约有4 800米，但是张鹏在这里的高原反应会减轻很多，而赵文教授的反应变得十分强烈（他在安多县却感觉蛮好的）。这说明不同的人的高原反应确实存在一定的差异。

从班戈县向东去往那曲市的方向，是国道相对笔直的一段，途中邻近道路两侧分布着六个湖泊，路北边的是蓬错和懂错，路南边的是错鄂、乃日平错、崩错和巴木错。其中，蓬错的位置最优越，就在国道旁边，开车时一眼就能望到，有种近在咫尺的感觉。而离它不远的懂错，从国道一侧进入还比较顺利，但从另一侧就不好说了。2018年7月，我们采集完兹格塘错的样品后，从强玛镇离开省道寻找懂错。当时恰好是雨季，结果一台车陷在了湖泊附近的泥沼里。由于路面都是泥浆导致轮胎打滑，另一台车根本无法将陷车拖出。一直折腾到天黑时，又下起了毛毛细雨，幸亏找到当地村委会帮忙，动用了挖掘机和铲车才把车拽出来。等我们狼狈不堪地抵达那曲市的时候，已经是深夜11时多了。后来，我们跟司机小周开玩笑说："终于明白懂错名字的来历了，意思就是'我懂了，我错了'。"众人听了哈哈大笑。有惊无险，也是一种精彩。

色林错是西藏第一大湖泊，中国第二大咸水湖，位于班戈县西部、尼玛县东部、申扎县北部的三县交界地带。色林错的湖泊面积一直在扩大，目前已经超过了2 400平方千米，它旁边的雅根错基本上已经和它连通成一个湖了。如果再吞并另一旁的错鄂，这个湖泊的体量将变得非常惊人。

色林错的北部上游是扎加藏布河，有河水源源不断地给色林错补水，让这个湖泊逐渐成长壮大。有趣的是，位于当雄县的纳木错，是西藏第二大湖，中国第三大咸水湖，被藏民奉为圣湖，而比它大的色林错却被称为魔鬼湖。据说，很久以前，有个叫色林的魔鬼，被神明封印在这个湖里忏悔，于是就有了"色林错"这个名字。

图2-7　在懂错旁的沼泽中陷车

图2-8　挖掘机和铲车助力救援

图2-9　懂错掠影

图2-10　科考队员赵文（左）与季世琛（右）在色林错采样（摄于2017年5月）

中国地质科学研究院在色林错旁边建有一处基地，搭建方式采用了在青藏高原较为常见的“阳光板房”，房间数量很多，院子十分宽敞，利用屋顶的太阳能板发电，深井地下水作为水源。看管基地的老叶，实际年龄不大，但看上去却很显老，肤色跟藏民一样，黝黑黝黑的，这是长期受强紫外线照射所致。别不服气，你晒你也黑。

图2-11　中国地质科学院色林错基地内景（摄于2014年9月）

色林错是西藏湖泊调查的重点对象之一，积累了十分丰富的数据资料。所以，几乎每次进藏我们都会顺便看看老叶，同时还要请他做向导带我们去纳卡错。这个不起眼儿的小湖，里面的西藏拟溞却十分丰富，而且这个湖的溞种品质最好，在实验室条件下容易被驯化培养。关于这种外表同样黝黑的水中“小西藏”，我们会在后文介绍。由于纳卡错位置偏僻隐蔽，即使野外驾驶经验丰富的老司机，也难以在只去过一次的情况下就能记住路线。老叶去过很多次了，对这个湖的位置十分熟

图2-12　科考队员在纳卡错湖畔（左起依次为：杨板、王哲、张鹏）

悉，我们采集纳卡错的西藏拟溞全靠他带路，堪称“活的GPS”。

在通往纳卡错的路上，还有一个面积更小的班戈错，是盐度非常高的盐湖，能够耐受高盐的卤虫（*Artemia*）可以在这里生存。沿着湖边就能看到密密麻麻的卤虫幼体和成体，暗红色、成片成片的就是它们的卵。

图2-13　班戈错湖中丰富的卤虫资源
（摄于2018年7月）

从色林错向南进入申扎县，路上可以找到果忙错和木纠错，而稍远些的玖如错和仁错离班戈县更近些，从班戈县沿着省道过去更方便。申扎县旁边有一个格仁错，呈西北至东南走向的长条状。从色林错向西可到达尼玛县，沿路分布着恰规错、吴如错和达则错三个湖泊。尼玛县南部不远处还有戈芒错和张乃错。我们从尼玛县驱车前往文布乡，乡里有个寺庙叫做当穹寺，还有个湖泊叫做当穹错。一座寺，一个湖，不知是先有寺名后有湖名，还是先有湖名后有寺名。虽是穷乡僻壤，却因这一寺一湖平添了一份诗意。

图2-14　文布乡当穹错（摄于2014年9月）

图2-15　当穹寺内茶歇住宿环境

我们当时在文布乡住了一晚，第二天前往当惹雍错。这个湖的名气可是不小，它是西藏第四大湖，中国第二深的湖。一列七峰的达尔果山位于湖的南岸，形似七座排列整齐的金字塔。“达尔果”和“当惹”都是古象雄语，意为“雪山”和“湖”。一个是神山，一个是圣湖，共同构成了西藏最古老的雍仲本教的崇拜对象。公元5世纪以前，曾经存在一个有自己的语言和文字，文明高度发达的古象雄王国，分为上象雄、中象雄和下象雄，疆域极其辽阔，是青藏高原最早的文明中心。而中象雄就位于达尔果雪山和当惹雍错附近。时至今日，人们仍然可以在这里看到古象雄王国宫殿的遗址，而雍仲本教就是古象雄的国教。湖边的玉本寺是一座建于悬崖山洞的寺庙，据说为象雄雍仲本教最古老的寺庙之一。像纳木错和当惹雍错这种地位特殊的圣湖，是不允许外人随便“亵渎”的，即使是出于科学研究的目的也不行。所以，关于这些圣湖的资料并不多，我们也没有去采集湖中的样品。以后如果有机会的话，希望可以去参观一下象雄遗址，再好好欣赏一番神山圣湖的美丽，和藏民信徒们一起转山转湖。

图2-16　达尔果雪山下的当惹雍错（摄于2014年9月）

绕着湖泊南缘沿省道一路行驶，就踏进了行程的下一站——措勤县，途中还能顺便探访西藏第三大湖——扎日南木错。这里是国家级著名湿地，距离措勤县城12千米。由于湿地环境特殊，车不能开到湖边，所以下车后要走很远的路，而且一路都是凹凸不平的草垫土包。对于手里拿着装备的我们来说，这种路走起来非常吃力。

图2-17 扎日南木错（摄于2014年9月）

从措勤县向北进入改则县，就可以深入阿里地区了。阿里地区环境条件十分恶劣，而且由于跟印度接壤，去往阿里的人必须有通行证。阿里最北端的日土县，旁边就是著名的班公湖，这条狭长的湖泊横跨中印两国地界。阿里地区的湖泊并不少，但位置偏僻且分散，考察难度大，危险程度高。我们的考察在措勤县终止，向南沿着国道经过日喀则回到了拉萨，整个过程历经约45天。

西藏的路越修越方便，不仅有平坦的国道和省道，乡道土路的条件也得到了较大的改善。因此，去西藏游山玩水的话可以自驾游，但我们做野外科考就不同了，必须在拉萨找正规的公司租车，而且需要专门配备司机。车费、油费、司机的吃住，都由我们负责。这些公司跟各个科研单位长期保持合作，公司里的司机也因为经常往外跑，积累了丰富的路况经验。司机不仅负责开车，还会带路寻找湖泊，用藏语跟藏民交流，下了车帮忙搬设备，甚至兴起时跟着一起采集样品，扮演着向导、翻译、帮工等多重角色。毫不夸张地说，我们的科考工作绝对离不开司机师傅的协助，军功章，有我们的一半，也有他们的一半。在此，也向他们致敬！

2.2 水中“淘宝”

野外湖泊调查需要利用各种采样工具，我们来盘点一下这些看家“法宝”吧。

首先就是浮游生物采集网。浮游生物包括浮游植物和浮游动物，由于不同生物的体形大小不一样，采集网的孔径存在差异。如果网眼过大，可能会漏掉轮虫、原生动物之类的“小个子”，只能截留住枝角类、桡足类、水生昆虫这样的“大家伙”。浮游生物采集网呈倒圆锥形，上口宽、下口细，上端进水口的线圈用三根棉绳拴在金属伸缩杆上。采样时，手持金属杆将网在水中左右来回移动，就能将水中的浮游生物收入网中。末端出水口处有个铜制阀门，扭开以后可以让被网到的生物和少量的水一起流出来，装进样品瓶中保存即可。

采水器是采集水样的工具。一般的湖泊调查工作中采用的是球盖式采水器，又

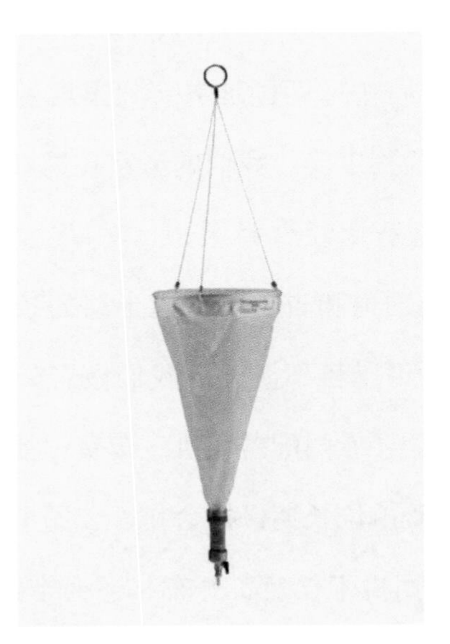

图2-18　浮游生物采集网

图2-19　采水器

称范多恩采水器。它由采水筒、球盖、释放器、固定架、钢丝绳槽和使锤等部分组成。下放到水中时，两个球盖敞开，到达预定采水深度后，释放使锤使两个球盖关闭取样。而我们平时多采用水生80型采水器，没有释放器、固定架、钢丝绳槽和使锤等结构。

采泥器是采集底泥的工具。在浅滩岸边地带，使用的是压入式柱状采泥器，全靠人手的压力使劲压入泥中，用力拔出后就能拽出一筒泥巴。抓斗式采泥器构造复杂些，由两个类似于挖掘机铲斗的采样抓斗组成，左右两部分以机械传动钢丝绳相互连接，一般配有20～30米长的尼龙绳。这种采泥器主要是用于采集水体深处的底泥，使用时用尼龙绳将抓斗沉入水中，抓斗触底后会陷入泥中，同时触发传动钢丝收拢抓斗，将尼龙绳拉出水面即可获得泥样。

塞氏透明度盘是测定水体透明度的工具。这是一个黑白相间的圆盘，按照黑色和白色以90°角均分为四个扇面，正中心的上方是挂绳的圆环，盘面下方有一个铅坠儿，让盘面可以笔直地向水下沉降。水的透明度受到两个因素的影响，一个是水中包括浮游生物在内的各种悬浮物的量，另一个是水中化学物质呈现的颜色。一般而言，悬浮物越少、溶解物越少，水的透明度越高，感官上水体就越清澈透明。透明度盘的绳子上有长度标记，当盘下沉到某个位置正好看不见时，绳子所标记的长度就是水的透明度。

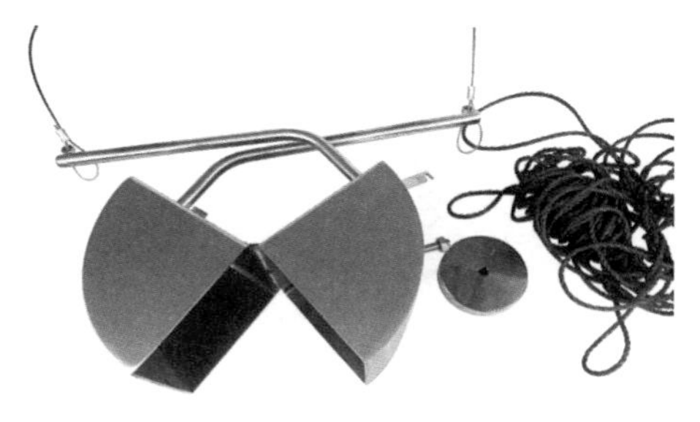

图2-20　抓斗式采泥器

图2-21　塞氏透明度盘

盐度计是测定水中盐度的仪器。盐度计有很多种类型，有些简易的电子盐度计已经成为厨房料理达人和水族爱好者的常用工具。科研工作中多使用切削液折光仪测定盐度。使用时，取适量液体滴到检测棱镜斜面上，盖上盖板将液面压平，通过目镜观察视野中的蓝白分界线，分界线所在的刻度值即为该溶液的盐度。

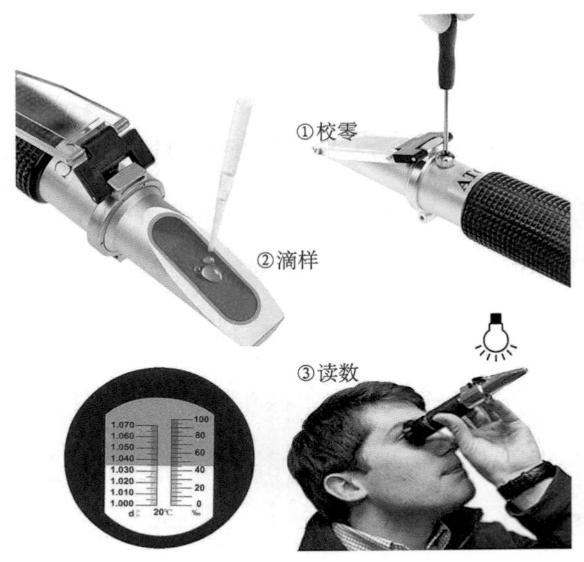

图2-22　盐度计

pH计是测定水的pH的仪器。无论是室内研究还是野外调查，pH的测定基本都采用电子仪器，读数可以精确到小数点后两位，比传统的滴定法效率高，又比pH试纸准确，在日常家庭生活中也有广泛的用途。实验室通常使用台式仪器，野外科考中使用的是便携笔式pH计。

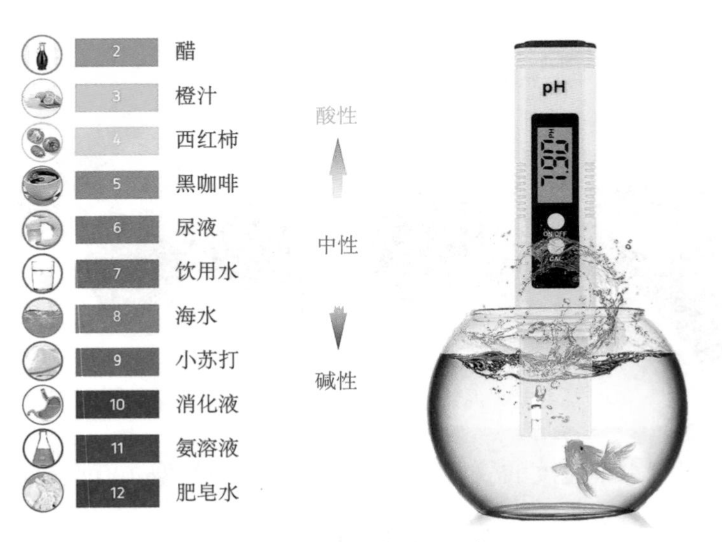

图2-23　便携笔式pH计

水的理化指标需要现场测定。常规的理化指标，如pH、盐度、温度等，都有专门的仪器测定，而有些指标如矿化度、溶解氧、总氮总磷等，往往需要在专业的实验室内利用化学方法才能完成测定。科技公司为了方便野外调查，专门开发了便携式多功能测定仪。例如，美国雷曼（LaMotte）科技公司出品的水质测定套装，将所有测试物品都整合在一个手提箱中，极大地方便了野外现场测定理化指标。

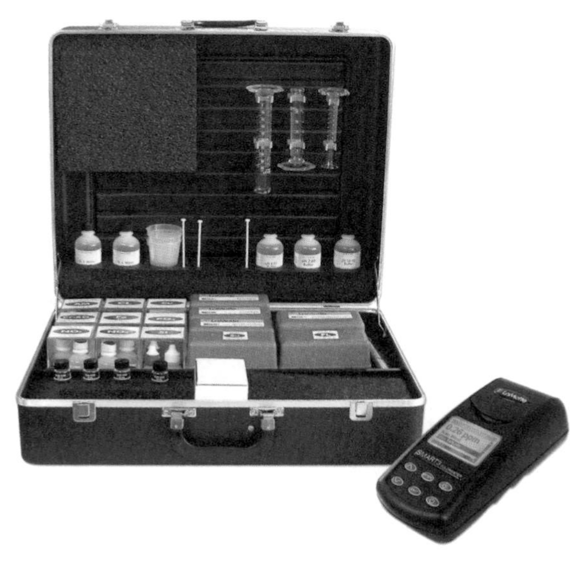

图2-24　便携式水质测定套装

除了以上这些主要的测试用具之外，还有数量不少的不同体积规格的样品瓶，这些瓶瓶罐罐都自带刻度，方便准确地定量保存采集到的样品。根据每次调查湖泊的数量、每个湖泊的采样位点数以及采集定性定量样品的类型（浮游植物、浮游动物、底栖生物等），可以大致计算出需要的样品瓶的数量。活体样品以大容量的5升塑料桶携带最为稳妥，因为水量越大水质越容易保持稳定，运送样品的过程中长时间在路上颠簸并且气温变化大，小水体的环境条件会受到这些外界因素的强烈干扰，导致浮游生物迅速死亡。

以上这些物品都要装在整理箱中，随着人员一起上飞机托运，加上科考人员个人携带的各种生活物品，出一趟野外真是不容易。更难的是，西藏的政治环境比较特殊，湖泊采样中必须要用的甲醛、酒精、碘化钾等化学试剂，是很难携带入境的。幸运的是，这些药品都属于常规试剂，西藏当地的合作科研单位可以为我们提供。

1829年，法国医生J. G. A. Lugol发明了鲁哥氏液。配制方法是取6克碘化钾溶于20毫升蒸馏水中，待完全溶解后，加入4克碘，摇动至碘完全溶解，加蒸馏水定容到100毫升，贮存于磨口棕色试剂瓶中。正如大名鼎鼎的福尔马林溶液（37%～40%体积比的甲醛溶液）一样，鲁哥氏液也是十分重要的生物样品固定液。固定液可以让采集到的生物样品尽量保持当时的状态，其身体组织结构不会随着时间推移明显地土崩瓦解，如此一来才能在显微镜下根据其结构特征进行种类鉴定和数量统计。

图2-25　样品瓶

图2-26　鲁哥氏液

热力学第二定律表明，任何一个开放的系统，总是倾向于增加熵值而降低自由能。熵（S）表示系统的混乱度，熵值越高代表系统越无序混乱；自由能（G）表示系统做功的能力，自由能越高意味着系统越能有效工作。生物体就是一个开放的系统。因此，从物理学角度来看，固定液就是在阻抗热力学第二定律，尽可能延缓有序的生物体结构变成一堆无序的零部件的过程。这样保存后的样品才有研究价值。实际上，生物化石就是被大自然这位科学家以物理化学方法固定下来的生物样品，由此才能让今天的人们一睹远古时代“老祖宗”的尊容。

固定后的样品需要经过浓缩定量。一般来说，浮游植物、原生动物、轮虫等体形微小的样品选用沉淀法浓缩，将上清液吸除留下沉淀就是了；而枝角类、桡足类、卤虫、水生昆虫之类的较大样品需要用浮游生物网进行过滤浓缩。浓缩后的样品定量至一定体积，就可以通过浮游生物计数框进行计数了。

浮游生物计数框是专门用来统计单位体积水中浮游生物数量的装置。计数框是用玻璃制成的，中心部位是样品池。0.1毫升规格计数框的样品池是20毫米 × 20毫米的大小，底部均分成100个正方形小格子。1毫升规格计数框的样品池是50毫米 × 50毫米的大小，底部均分成40个正方形小格子。

通常来说，浮游植物的计数采用0.1毫升计数框，原生动物、轮虫和其他浮游动物采用1毫升计数框。由于定量样品在野外采集时，用采水器采集了确定体积的水，经过浓缩后的体积也是已知的，那么通过统计单位体积（0.1或1毫升）中的个体数，就可以反向推算出湖泊中实际的生物数量了。

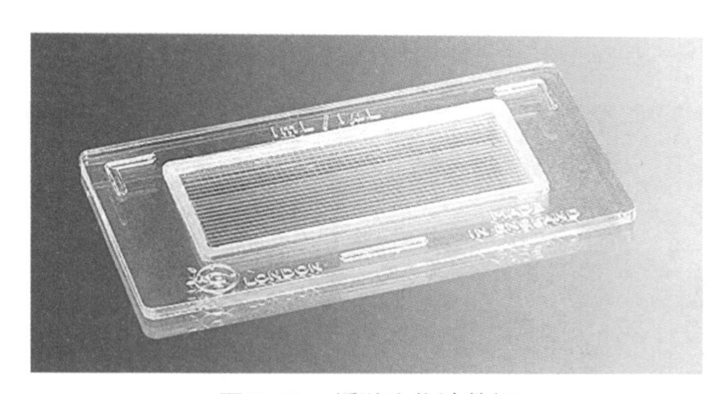

图2–27　浮游生物计数框

2.3 高原反应

谈论西藏的话题，不能不涉及高原反应。

医学上的高原是指海拔在3 000米以上的区域，这个概念是相对于平原而言的。

高原具有低气压、低氧、低温、低湿、日照辐射强、昼夜温差大、地心引力小等特点，其中对人体影响较大的因素是低压低氧。高原反应是人体在高原环境下表现出的一系列症状和体征，包括头晕、恶心、呕吐、头痛、胀气、亢奋、失眠、疲劳乏力、食欲缺乏等。

按照国际惯例对海拔的划分标准，1 500～3 500米为高海拔，大多数人都能很快适应；3 500～5 500米为超高海拔，因个人身体差异会有或强或弱的高原反应；5 500米以上为特高海拔，人体机能会受到严重影响，即使是藏民和夏尔巴人也不会在这种区域长期生活。

夏尔巴人（Sherpa），藏语的意思是“来自东方的人”。这个特殊的族群散居在喜马拉雅山两侧，主要分布在尼泊尔，少数在中国的西藏、印度和不丹，有自己的语言夏尔巴语，其民族起源一直是个谜。

夏尔巴人之所以被世人熟知，主要是由于他们特殊的身体素质，使其成为世界各地攀登珠穆朗玛峰爱好者们的职业向导，被誉为“喜马拉雅山上的挑夫”。这项工作给夏尔巴人带去了文化自豪感和丰厚的经济回报。

图2-28　尼泊尔的夏尔巴人

2021年7月在戛纳电影节上映的动画电影《神之山岭》中，就有一段描写夏尔巴人为日本登山家做保障工作的场景。

而一位叫作阿帕·夏尔巴的人，是目前登顶珠峰次数最多的人之一，其中有四次没有携带氧气瓶。当阿帕还是个孩子的时候，从来没想过将来会攀登珠峰，后来发现自己很擅长登山，就决定将登山向导作为自己的职业。

对于一般人而言，在高海拔地区停留足够长的时间，体内的基因表达就会出现调整，促使肾脏细胞产生更多的促红细胞生成素（erythropoietin，简称EPO）。这是一种内源性的糖蛋白激素，能够刺激骨髓生成更多的红细胞，还能延长现存红细胞的寿命。

高海拔地区氧气稀薄，运送氧气的红细胞增多了，人体内的氧气供应就有了保障。缺氧会使人昏昏欲睡，而充足的氧气却令人精力充沛。所以，人工合成的EPO是肾衰竭和贫血患者的福音，这些人的身体已经无法合成足够的EPO。而人工合成的EPO同样可以提高职业运动员的赛场表现，因此成了体育比赛中的违禁药物。

不过，有的运动员就比较幸运了。越野滑雪界的传奇——芬兰运动员艾罗·门迪罗塔，在20世纪60年代获得了7块奥运奖牌，他天生就有多于常人的红细胞，使其在有氧运动比赛中具有了先天遗传优势。

在医学上，这种状况被称为先天性红细胞增多症（primary familial and congenital polycythemia，简称PFCP）。PFCP是促红细胞生成素受体基因在6002位置上的核苷酸，由原本的鸟嘌呤（G）突变成了腺嘌呤（A），导致该基因表达出来的受体蛋白对EPO更加敏感，从而使得机体在正常EPO水平下生成了更多的红细胞。门迪罗塔家族中的30多个成员都是如此。这种单个核苷酸变异产生的遗传多态性被称为单核苷酸多态性（single nucleotide polymorphism，简称SNP）。

那么，夏尔巴人的超凡体能是否也是如此呢？

人体内红细胞增多虽然可以提高携氧能力，但代价是血液会变得更加浓稠。这些浓稠的血液在血管中流淌的速度变慢，更容易产生结块现象。

研究发现，人体内有一个叫做*EPAS1*的基因，其表达产物内皮PAS1蛋白是细胞应对缺氧时关键的转录因子。在血液中的含氧量降低时，*EPAS1*基因被激活，触发生成更多的红细胞。

在低海拔地区，这一基因的某些变异可帮助运动员迅速增加红细胞数量，由此提高血液携氧能力以增加耐力，该基因被称为“超级运动基因”。然而，在高海拔地区，*EPAS1*基因更加常见的变异是会导致人体内红细胞过度增多，从而增高血液黏稠度，导致高血压和心脏病发作，甚至令出生婴儿体重低下，提高了婴儿的死亡率。

夏尔巴人最古老的藏式村落庞波切村（Pangboche）位于海拔3 962米的地方。夏尔巴人和藏族人的基因非常相似，两者的*EPAS1*基因变异让其体内的红细胞保持较低水平的同时，仍保持着很好的氧气运送能力，从而避免了血液黏稠度增加等副作用。

普通人从低海拔进入高海拔地区后，*EPAS1*基因表达量增加，促使EPO表达量随之增加，从而生成了更多的红细胞以适应低氧环境。所以，我们这些长期生活在平原地区的人，进入西藏只是临时拜访一下，而我们体内的基因也是临时做个调整。夏尔巴人和藏族人世代居住于高原，他们体内的基因是长期自然选择的产物，因此其适应低氧的策略与我们完全不同，不会为了一时的适应而去冒患病死亡与降低繁殖成功率的风险。

急性高原病分为急性高原反应、急性高原肺水肿和急性高原脑水肿。其中，急性高原反应是急性高原病的主要类型，其发病率高达90%以上。我们通常讨论的高原反应，主要就是指急性高原反应。

2014年的一项问卷调查发现，来自湖北、江西、陕西、四川、云南、重庆的294名初次进入西藏的青年男性，其籍贯所在地海拔越低的人，越容易发生急性高原反应。

此外，一直以来都有说法认为，女性比男性的急性高原反应弱。那么，这种说法是否可信呢?

2015年，西藏大学对298名2015级进藏新生做了问卷调查，统计结果表明男女生在高原反应方面没有性别差异。早在2003年的一项研究同样表明，急进高原的男女青年在高原反应方面不存在性别差异。

但是，老人和儿童去西藏却要慎重。儿童处于身体发育期，对高原低氧环境十分敏感，综合抵抗低氧能力较差，缺氧后比成人更容易引发高原病，产生的高原反应也会更剧烈。儿童的心脏尚处于生长发育阶段，低气压容易让生长于低海拔地区儿童的心脏无法适应，从而可能诱发急性高原心脏病。年龄过大且身体机能欠佳的老人同样不适合进藏。患有心血管疾病和呼吸系统疾病的病人，就更不要幻想西藏之旅了。

我们作为科考人员，每次到达拉萨都要适应三天，不可急速行走，更不能跑步或从事重体力劳动，需多睡觉、少折腾、饮食以清淡营养为佳。科考队伍中有些学生刚下飞机时自我感觉良好，似乎没有什么高原反应，结果到了晚上症状开始明显，还有第二天才有症状的，所以不同人的身体条件存在差异，万万不可掉以轻心。

重中之重是要防止因受凉而引起感冒。西藏昼夜温差较大，很容易受凉感冒，而感冒是急性高原肺水肿的主要诱因之一。宁可热一点，不可冷一点，要多穿衣服。我们的身体在“战略”上被青藏高原藐视了，在“战术”上却可以扳回一局。只有保持健康的体魄，才能完成各种科研任务。

2.4 保障措施

去西藏无论是旅游还是考察，建议都要购买一份高原保险。高原地区环境特殊，大部分人都有或轻或重的高原反应，万一生病的话可能会导致非常危险的情况出现。关于购买什么样的险种合适，具体可以咨询各大保险公司。西藏当地的医院在处理高原反应病患方面经验丰富，只要不是极为罕见的强烈高原反应，一般情况下不用太过害怕。

拉萨市区和各个县城的超市里都有售卖便携式氧气罐，是类似于家用灭蚊杀虫剂的罐体，喷口处带有一个吸氧面罩。使用时按压喷嘴让氧气喷出，口鼻扣在面罩里呼吸即可。根据我们的经验，除非是不得不吸氧缓解症状，否则尽可能让自己的身体慢慢适应高原低氧环境会比较好。频繁吸氧会产生依赖感，身体对低氧的耐受性会更差，不仅降低了旅行的体验感，还可能对身体产生不利影响。在医学领域，有一个经典的试验模型叫做缺血再灌注，就是人为造成实验动物心肌或脑组织缺血，然后再重新恢复供血来观察损伤情况。血液是氧气的载体，缺血后重新供血造成的损伤，跟缺氧后吸氧有些相似。所以，既来之则安之，要相信人体对环境的适应能力。

图2-29　便携式氧气罐

西藏红景天（*Rhodiola tibetica*）是景天科，红景天属植物，分布于巴基斯坦、阿富汗、印度和中国西藏等地，生长于海拔4 000～5 000米地区，被认为是具有抗高原反应作用的药材。藏药红景天在药店有售，建议在进入西藏前一周就开始服用，到达拉萨休息适应期间继续服用。拉萨当地的药店中抗高原反应的药物十分齐全，可以咨询驻店医师选择适合自己的药品。除了中成药之外，乙酰唑胺、地塞米松、沙美特罗、西地那非、硝苯地平等西药也是进藏人群常用的药物。每个人要依照自身实际情况，准备相应的常备药品，无法一概而论。

药物是为了以防万一，不见得真能用上。但食物和水就不一样了，多多益善。

高原低氧环境下，人的心率会升高。例如，张鹏平时的心率是65次/分钟，在海拔3 600米的拉萨，心率会增加到70～80次/分钟，到了海拔4 000～5 000米范围时，心率就会达到80～90次/分钟。这只是在静息状态下的心率，如果快速走动或者进行采样作业的话，心率可能会接近100次/分钟。血氧载量降低会促使心脏加快泵血，这是心脏为了适应低氧环境做出的生理适应。正因为如此，人的体能在西藏消耗得特别快，多吃肉食特别是牦牛肉，非常有助于补充体力。牦牛这种神奇的动物能够很好地适应高原环境，从营养学上来说它的肉自然有助于人类适应高原环境。2021年，网络上热议韩国的牛肉卖到了天价。事实上，这种牛肉是韩国本地产的韩牛肉，本来就是价格十分昂贵的奢侈品，一般都是逢年过节作为厚礼送给重要的人。韩国人饮食观念中的“身土不二”，就是我们中国人传统观念的“一方水土养一方人”，在哪里出生长大，就吃那里土生土长的食物，这是一种人体与其生长环境交互作用的天人合一观念。既然来到了西藏，那就让我们的身体像藏民一样，享受一下当地的美食吧。

图2-30　公路旁藏民牧养的牦牛

人到了西藏之后特别容易犯困。一方面是当地日照太充足，另一方面是高原反应带来的疲劳感所致。保持充足的睡眠是适应高原环境的好办法。人们到达拉萨之后往往特别兴奋，急着出门逛街游玩，平时步行的速度在这时就显得过快了，会给身体造成巨大的负担。因此，建议大家尽量在刚进西藏头三天不要急于出门，多在旅店中卧床休息。

图2-31　牛羊头骨

图2-32　低气压下豆奶粉涨袋

西藏日照强烈，特别是在藏北草原的湖泊周围，太阳光从湖水表面反射过来特别刺眼。一副深黑色太阳镜是必备的护眼防晒用具。此外，遮阳帽的功劳也不小，不仅可以遮挡阳光，还可以防风保暖。虽然日照强烈，但即使是在夏季7月，藏北高海拔地区的路面也会见到冰霜，而且天气变化十分诡异，突然间就大雨倾盆的情况时有发生。保暖、防风、抗冻、防滑，这四项要求都不能少。户外探险运动常用的三件套套装和透气速干运动长裤可以满足以上要求，保暖防滑又防水的登山鞋也会有助于提高工作效率。

图2-33 西藏合影（左起依次为：彭国干，景泓杰，张鹏，张天民）

旅行登山背包容纳能力强，方便收纳各种个人物品，尽管重量可能会较重，但其腰部、胸部和肩部背带的人体工学设计，可以让负重均衡地分摊，背起来行走不会感到太辛苦。一个空间较大的小腰包，可以用来收纳各种常用的物件。比如，经常在路口关卡要出示受检的身份证、通行证、介绍信等证件，放在腰包里既安全又方便。如果没有这些证明身份和来意的凭证，在西藏真可谓是寸步难行。在西藏是现金为王，刷卡、扫码等现代支付方式仅限于拉萨这样的城市地区，到了县城、乡镇、村落的时候，还是现金支付最行得通。

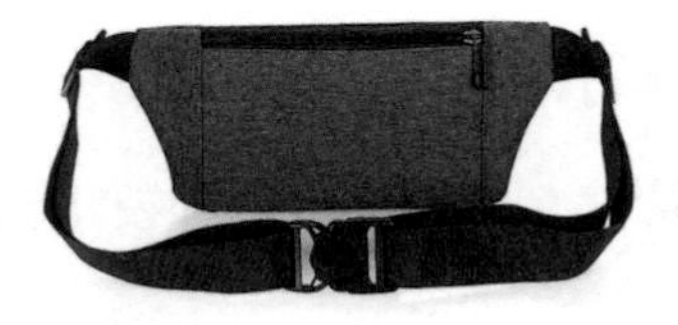

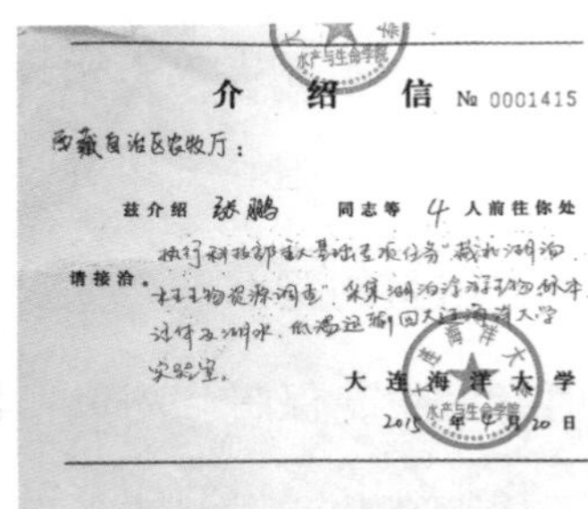

介　绍　信　№ 0001415

西藏自治区农牧厅：

兹介绍 [illegible] 同志等 4 人前往你处

执行科技部重大基础专项任务"藏北湖泊水生生物资源调查"，采集湖泊浮游生物标本活体及湖水，拟带回大连海洋大学实验室。

请接洽。

大连海洋大学

2015年[illegible]月20日

图2-34　背包、腰包和介绍信

一旦在野外遇到陷车或者迷路，手机就成了救命的稻草。在西藏，手机信号最好的运营商是中国电信，移动和联通在某些偏远的野外环境经常没有信号。除了手机，远距离的对讲机也用得着。如果两台车分开行动的话，利用对讲机保持联络十分方便。野外调查工作就像探险一样，充满了不确定性和危险性，必要的保障措施是顺利完成任务并且平安归来的前提，千万不可马虎大意哦。

图2-35　对讲机

五律·西藏报春

招摇生雪域，涌跃报春专。

五瓣花红艳，吉祥缀湖湾。

相望总不厌，赏之更心宽。

挺拔离天近，匍匐向地欢。

CHAPTER 3 浮游植物——默默无闻生产者

3.1 植物，我们对它们了解多少

植物（plant）是地球上最引人注目的生命。无论我们身处何地，目光总会不自觉地搜寻植物的身影。在冰天雪地的南北极漫步，或者在干旱炎热的沙漠里蹒跚，抑或在钢筋水泥构筑的现代城市里生活，我们渴望亲近植物的欲望会变得更加强烈。

植物是生命形式的“本底”，是地球生物圈的“背景”。我们对它们如此的熟悉，以至于将其视为理所当然的存在，因此常常忽略它们。然而，我们真的理解什么是植物吗？

图3-1　大连植物园掠影

在传统观念上，植物可以分为低等植物和高等植物两大类。低等植物没有根、茎、叶的分化，又称叶状体植物，包括藻类、菌类、地衣等。高等植物有茎、叶的分化，又称茎叶体植物，包括苔藓、蕨类和种子植物，其中的种子植物，分为裸子植物和被子植物两大类。而蕨类植物和种子植物相对更加高等，不仅具有清晰明确的根、茎、叶，还有专门运输水分的维管束结构，因而合称为维管束植物。

植物主要生活在陆地，水生植物则生活在水中或者滨水地带，常见的浮萍、睡莲、水芹、芦苇等，是大型水生植物的代表。在水中还有一类肉眼不可见、营浮游生活的微小植物，它们被称作浮游植物（phytoplankton），通常又被叫做浮游藻类。藻类（algae）是低等植物中的一个大类，主要包括蓝藻门、硅藻门、金藻门、黄藻门、甲藻门、隐藻门、裸藻门、红藻门、褐藻门、绿藻门等10个门。其中，除了红藻门、褐藻门以及绿藻门的某些种类属于大型藻类之外，其他门类都能找到浮游藻类的身影。除了浮游藻类之外，有些藻类体形也十分微小，但却栖息在水体底部的固体基质上，通常称之为底栖藻类。不管是浮游还是底栖，只要是体形微小到肉眼不可见的程度，都可以称之为微藻（microalgae）。是不是听起来有些复杂？简单地说，浮游植物是一个生态学概念，是生态学工作者出于研究水域生态系统的方便性，将体形微小营浮游生活的植物单独划分出来，从而创立的一个特殊概念。与之类似的概念是浮游动物，它们将在

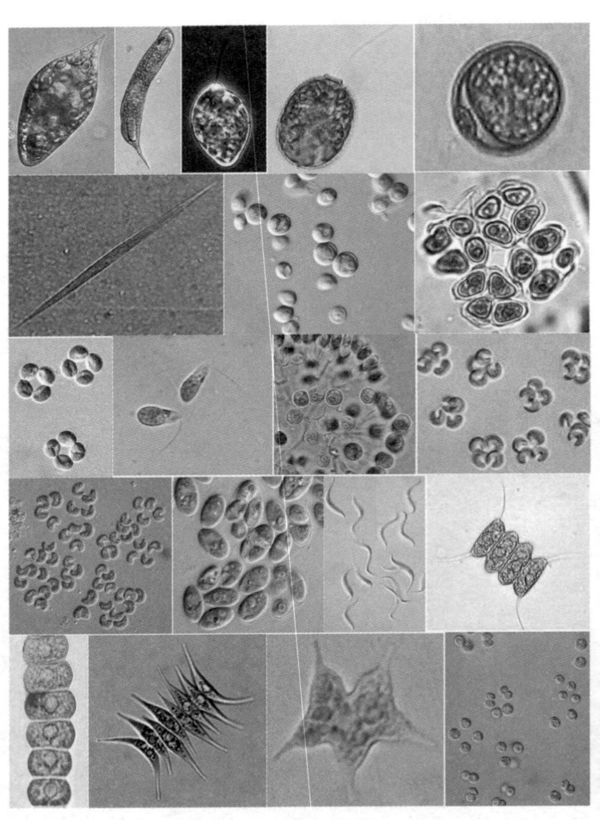

图3-2　形态各异的浮游植物（赵文 等，2010）

本书的下一章登场。

生物学概念是我们理解生物学的起点。不同的概念具有不同的划分角度，也有各自不同的使用目的和应用价值，在学习生物学时需要注意理解不同概念的定义范畴。当水体中营养丰富时，浮游植物会迅速大量繁殖，使水体呈现出特殊的色彩。如果浮游植物的生物量过大，就会引发生态危害，在淡水中称之为“水华（water bloom）”，在海洋中称之为“赤潮（red tide）”及“绿潮（green tide）”。

图3-3　太湖水华（左）与深圳赤潮（右）

随着科学界对生命现象的理解不断深入，人们对植物的概念已经有了新的认识。凡是被认定为植物的，需要同时符合三个特征：能进行光合作用、有多细胞的依赖亲本的胚胎和有多细胞的单倍体和二倍体世代交替生活史。让我们一个一个解释。

植物都能进行光合作用，利用光能将水和二氧化碳转化为碳水化合物（糖类），成为可稳定贮存的化学能形式，同时放出氧气供需氧动物呼吸利用。光合效率最高的是陆地上的绿色植物，叶绿素在此过程中发挥了至关重要的作用。

需要注意的是，某些原核的单细胞生物，比如光合细菌，也能进行光合作用。但植物的胚胎却是多细胞的，附着在亲本植株上，并且依赖亲本的营养物质存活。这种多细胞依赖性胚胎是其他光合生物不具备的特征。

植物的单倍体与二倍体世代交替是多细胞化的。在二倍体世代，植物体由多细胞的二倍体细胞组成，称为孢子体（sporophyte）。多细胞胚胎本身就是孢子体世代的一部分。孢子体的特定细胞进行减数分裂，形成单倍体的繁殖细胞，称为孢子。单倍体的孢子发育为多细胞的单倍体结构，称为配子体（gametophyte）。单细胞生物衣藻，也具有单倍体和二倍体世代交替现象，但其过程都是单细胞化的，跟植物的多细胞化世代交替不同。植物的配子体通过有丝分裂产生雌雄单倍体配子（卵细胞和精细胞）。雌雄配子像孢子一样是繁殖细胞，但和孢子不同的是，单个配子无法独立形成新个体，雌雄两性配子相互融合形成合子（受精卵），由合子发育为一个二倍体胚胎，胚胎再通过吸收亲本植物的营养发育为成熟的孢子体，由此循环往复形成植物的完整生活史。

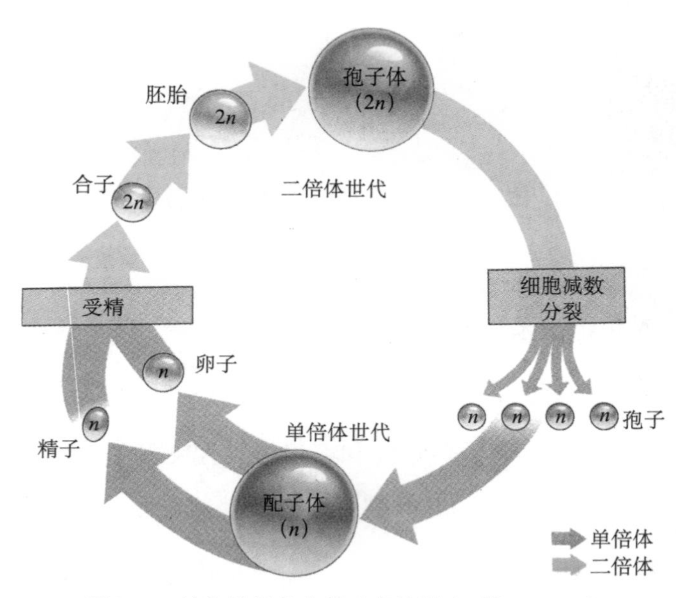

图3-4 植物的世代交替（奥德斯克 等，2016）

如上所述，其他生物可能具有以上三个特征中的任何一个，但只有植物同时具备所有三个特征。从这个严格的角度来说，藻类不属于植物，如今已被划分为原生生物，而浮游植物自然也就不是植物了，只是名字里有个“植物”而已。

尽管植物跟藻类不同，但植物却是从藻类进化而来的。准确地说，是绿藻中较为原始的轮藻（Charophyta）与植物亲缘关系最近。绿藻和植物使用相同的叶绿素和辅助色素进行光合作用，都以淀粉形式贮存食物，细胞壁也都由纤维素构成。

轮藻有单细胞的，也有多细胞的。2019年11月，国际知名期刊*Advanced Science*在线发表了由新加坡国立大学、中国农业科学院生物技术研究所、西南大学等单位与北京百迈客生物科技有限公司共同合作完成的研究论文，通过比较分析基因组和转录组，发现单细胞轮藻已经拥有了大量和陆生植物性状相关的遗传信息，这项研究对于揭示植物从单细胞到多细胞的进化历程与陆生植物的起源提供了帮助。

植物的祖先可能就是一种生活在水中类似轮藻的光合原生生物。在水中的生活具有很多好处。首先，水中富含营养物质，而且不必担心缺水；其次，水的浮力可以支撑生物的身体，不必费力对抗地球引力；再者，配子与合子既可以随波逐流，又可以利用鞭毛自由游动，繁殖过程变得简单易行。

尽管水中的生存环境十分优越，早期的植物祖先还是毅然决定向陆地进军，以至于今天绝大多数植物都已生活在陆地环境。促使植物登陆的动力，似乎是源自陆地具有的独特吸引力。比如：阳光充足不受水层的阻挡，土壤中的矿物质营养含量更高、元素种类更为丰富。

更重要的是，早期陆地完全没有植物的天敌——植食性动物。但是，植物登陆

图3-5 轮藻（奥德斯克 等，2016）

需要克服地球引力，用更坚韧的结构支撑起身体的重量，同时尽可能吸收土壤中的水分防止干旱，而且要尽力将水分和营养输送到身体各处。除了这些生存问题，还要解决如何不依赖水传播配子和合子的繁衍问题。

经过数亿年不懈的努力，植物已经非常好地适应了陆地环境。如今，随便拿起身边的任何一株植物，我们都能很容易发现其适应的成果。

植物具有真正的根或根状结构，将身躯固定在土壤中吸收水分和营养，而根毛的出现使得根系能够有效收集土壤中的潮气。茎和叶的表面覆盖了蜡质，限制水分过度蒸发。通过气孔的开关进行气体交换，一旦缺水还可以关闭气孔，减少水分的流失。

维管植物还具有输导组织，将营养从根部向上转运，将叶子光合作用的产物向其他部位转运。坚硬的木质素广泛分布于输导组织中，用于支撑植物抵抗地心引力。从此，植物的高大身躯矗立在广袤的大地上，成为当之无愧的“地球巨人”。

图3-6　世界上最高大的植物“谢尔曼将军”

迄今为止，世界上最高大的树木，是美国加利福尼亚州图拉雷县红杉国家公园中的“谢尔曼将军（General Sherman）”，树龄长达2 500多年，高度为83.8米，底部树围为11.1米，重量估计有2 800吨。令人欣喜的是，2022年5月，在西藏自治区墨脱县境内的背崩乡格林村，发现了一棵

76.8米高的不丹松，比此前位于云南高黎贡山的72米高的秃杉树王还要高，是目前中国大陆已知的“新树王”。

按照是否具有维管束结构，我们可以将植物分为两大类：非维管束植物和维管束植物。前者又称苔藓植物，包括苔类、角苔和藓类；后者又称维管植物，包括无种子的石松类、木贼类、蕨类和有种子的裸子植物、被子植物。

苔藓植物的配子靠水传播，没有真正的根、茎、叶，以假根固定，缺乏输导组织，靠缓慢扩散或简单传导分配水分、营养，缺乏木质素，既长不大，又长不高，大多数不超过2.5厘米高。

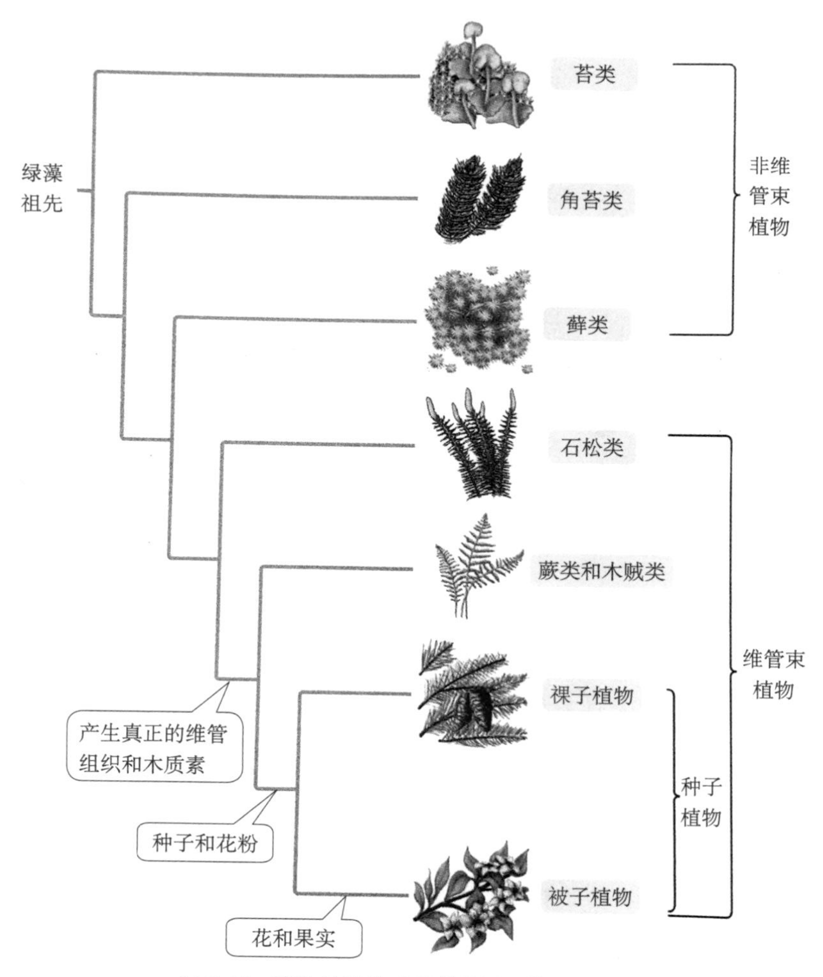

图3-7 植物的进化（奥德斯克 等，2016）

维管植物克服了以上困难，其中的种子植物更进一步进化出了花、花粉、种子和果实等繁殖优势结构。花吸引虫类助力传粉，花粉又小又轻，可以被风带走；种子有种皮和胚乳，落地生根极易成活；果实的甜美吸引了动物取食，顺便帮助包裹在果实内的种子远行“落户”。这些使得种子植物成为今天植物世界的主流。

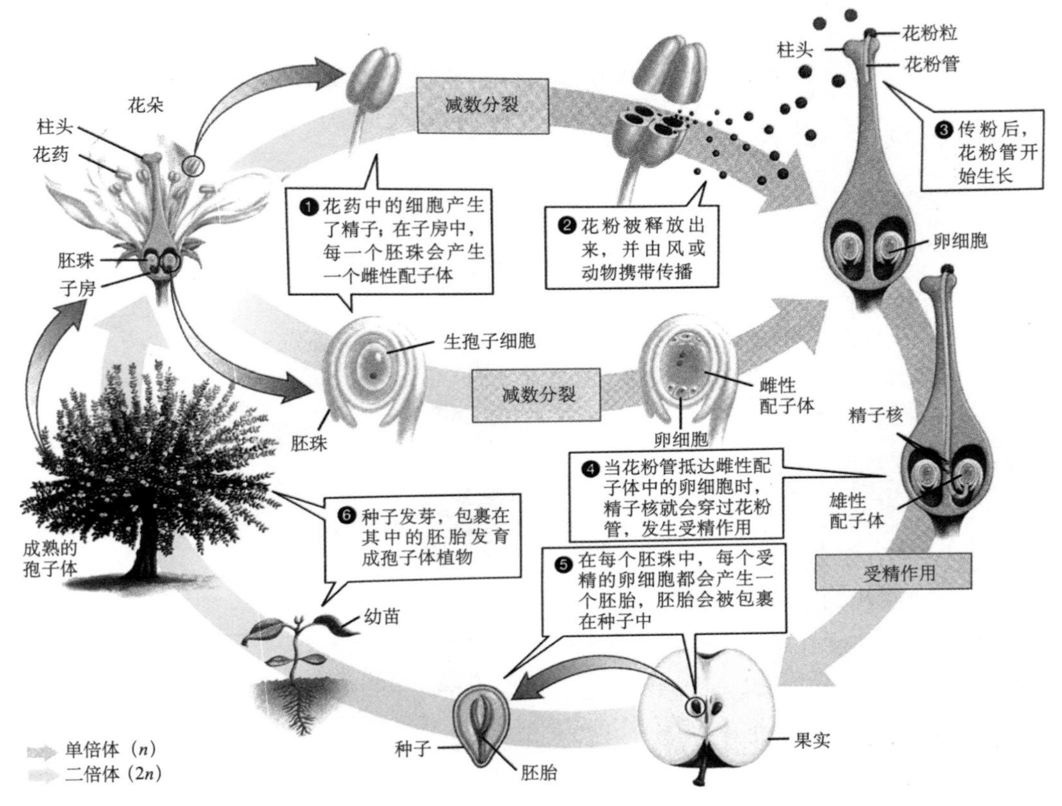

图3-8 被子植物的生活史（奥德斯克 等，2016）

西藏特殊的高海拔、强日照、低气压以及昼夜温差大等环境特点，造就了当地植物生理特征的特殊性。以植物的花色为例，将红色、紫色、蓝色、黑色作为深色系花，白色、绿色、黄色作为浅色系花，通过查阅《西藏植物志》和《北京植物志》，对比西藏和北京两地分布的乔木、灌木和草本三个生活型被子植物的花色，获得了很有趣的发现。从表3-1中不难看出，无论是乔木、灌木还是草本，西藏地区被子植物的深色花比例明显高于北京地区。

表3-1 西藏与北京三类被子植物花色占比分析

地区	乔木		灌木		草本	
	深色	浅色	深色	浅色	深色	浅色
北京	2.17%	66.31%	18.56%	77.15%	33.28%	63.10%
西藏	16.94%	81.42%	38.98%	59.75%	47.95%	50.11%

资料来源：刘静 等（2018）。

在所调查的植物中，草本植物占了绝大多数，西藏地区为82.2%，北京地区为74.1%。因此，草本植物的花色比例基本代表了整个所调查的被子植物的花色格局。总体而言，西藏深色系花占总数的44.56%，浅色系花占总数的53.66%；北京深色系花占总数的29.5%，浅色系花占总数的64.83%。

考虑到西藏地区3 000米以上高海拔地带占比高，推测西藏地区深色花占比偏多，可能是高海拔紫外线辐射强烈所致，诱导了花青素的生成。根据细胞液的酸碱性不同，花青素也会呈现不同的颜色，细胞液为酸性时呈红色，细胞液为碱性时呈蓝色，细胞液为中性时呈紫色。由于西藏也有很多低海拔的河谷地带，因此以白色、黄色为主的浅色花也占有相当比例。

植物花色的丰富度随海拔的升高呈规律性变化，其中1 000～1 500米海拔段为花色类型的“稳定丰富区”，以3 300～3 400 米海拔段为临界线，浅色系比例迅速减小，而深色系比例明显增加。植物花色随海拔升高变化的这种规律，是植物长期进化适应高海拔地区紫外线强辐射的体现。

青藏高原拥有丰富的植物物种，尤其是高原东南部的东喜马拉雅和横断山脉地区，不仅是全球生物多样性的热点地区，还是我国特有植物最丰富的地区和高山植物区系的中心。地理学意义上的青藏高原，还有很多特有种类的植物。特有种是衡量一个地区生物多样性高低的重要参考因素之一，其分布格局和多样性不仅与当前地形、气候、土地利用等因素有关，更与过去的地质变迁和气候波动密切相关。在生物多样性保护工作中，特有性已成为生物多样性保护研究关注的焦点，为预测生物多样性热点区域和确定优先保护区提供了重要依据。

青藏高原共有特有种子植物3 764种，隶属于113科519属，多数为草本植物(76.3%)。从特有种子植物的多样性分布格局来看，也呈现出从东南部至西北部逐渐递减的趋势，东喜马拉雅和横断山脉地区是物种丰富度较高的区域。

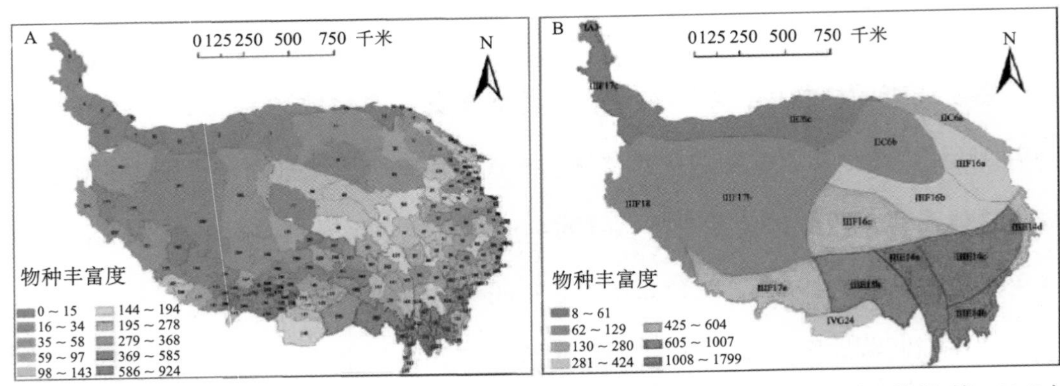

图3-9　基于县域尺度(A)和植物区系尺度(B)的青藏高原特有种子植物多样性格局（于海彬 等，2018）

从特有种子植物的垂直分布格局来看，多数物种分布在3 000～4 000米的海拔范围内。多数草本植物生长在3 500米以上的高海拔地区，而灌木多生长在海拔3 000米左右的地方，多数乔木则生长在海拔2 000～3 000米的范围内。当我们科考队驱车，从拉萨一路驶向藏北地区的过程中，感受到随着海拔逐渐升高，乔木植物数量明显减少。4 000米海拔以上地区只能见到贴地生长的草本植物，这种景象与高纬度极地区域的苔原地貌较为类似。

在几次考察途中，我们拍摄到了几种典型的植物。

（1）单叶菠萝花（*Incarvillea forrestii* Fletcher，1935）　隶属被子植物门（Angiospermae），双子叶植物纲（Dicotyledoneae），管状花目（Tubiflorae），紫葳科（Bignoniaceae），角蒿属（*Incarvillea*）。多年生草本植物，具茎，高15～30厘米，全植株近无毛。单叶互生，不分裂，纸质；叶呈卵状长椭圆形，两端近圆形，边缘具圆钝齿，侧脉7～9对；叶柄粗壮。总状花序顶生，有6～12朵花，密集在植株顶端；花萼呈钟状，长1.4～2厘米，萼齿顶端细尖或突尖。花冠为红色，长约5.5厘米，直径约3厘米；花冠筒内面有紫红色条纹及斑点。蒴果呈披针形，扁而具4棱，种子呈卵形，具翅。花期为5—7月，果期为8—11月。生于多石高山草地及灌丛中，海拔为3 040～3 500米。

图3-10 单叶菠萝花

（2）缘毛紫菀（*Aster souliei* Franch，1896）隶属被子植物门，双子叶植物纲，桔梗目（Campanulales），菊科（Compositae），紫菀属（*Aster*）。多年生草本植物，根状茎粗壮，木质。茎单生或与莲座状叶丛丛生，直立，高5～45厘米，纤细，不分枝，有细沟，被疏或密的长粗毛，基部被枯叶残片，下部有密生的叶。莲座状叶与茎基部的叶呈倒卵圆形、长圆状匙形或倒披针形，长2～11厘米，有白色长缘毛。头状花序在茎端单生，直径为3～6厘米。有舌状花30～50个，为蓝紫色；管状花为黄色，有短毛。瘦果呈卵圆形，稍扁，基部稍狭。花期为5—7月，果期为8月。生于高山高原湖泊沿岸的山坡草地，海拔2 700～4 000米。具有消炎、止咳、平喘功效，有时栽培供观赏用。

图3-11 缘毛紫菀

（3）蓝玉簪龙胆（*Gentiana veitchiorum* Hemsl.，1909）隶属捩花目（Contortae），龙胆科（Gentianaceae），龙胆属（*Gentiana*）。多年生宿根草本植物。高5～10厘米。营养叶与养殖叶异彩。花顶生茎顶，花冠上部为蓝色或深蓝色，具黄绿色条纹，下部为黄绿色，具

图3-12 蓝玉簪龙胆

蓝色条纹和斑点，长4～6厘米，花期为8—10月。喜凉润，喜光，为中国特有植物，产地为西藏中部至东部的广大地区，多生于海拔3 000～4 800米的林缘草地和高山草地，西南、西北地区也有产。具有清热解毒之功效。常用于治疗高热神昏、黄疸肝炎、咽喉肿痛、目赤、淋浊。

（4）钉柱委陵菜（*Potentilla saundersiana* Royle,1839） 隶属蔷薇目（Rosales），蔷薇科（Rosaceae），委陵菜属（*Potentilla*）。为多年生草本植物。根粗壮，呈圆柱形。花茎直立或上升，高10～20厘米，被白色绒毛及疏柔毛。基生叶3～5片，具掌状复叶，连叶柄长2～5厘米，被白色绒毛及疏长柔毛；小叶呈长圆状倒卵形，长0.5～2厘米，先端圆钝或急尖，基部楔形，有多数缺刻状锯齿，上面贴生稀疏柔毛，下面密被白色绒毛，沿脉贴生疏柔毛；茎生叶1～2片，小叶3～5片，与基生叶相似；基生叶托叶为膜质，褐色；茎生叶托叶为草质，绿色，呈卵形或卵状披针形。花多数排成顶生疏散聚伞花序，花瓣为黄色，呈倒卵形，顶端下凹，比萼片略长或长1倍；花柱近顶生，基部膨大不明显，柱头略扩大。瘦果光滑，花果期为6—8月，分布较广。

图3-13　钉柱委陵菜

（5）高山野决明（*Thermopsis alpina* (Pall.) Ledeb.,1830） 隶属蔷薇目（Rosales），豆科（Leguminosae），野决明属（*Thermopsis*）。又称高山黄花。多年生草本植物，高12～30厘米。根状茎发达，茎直立，分枝或单生，具沟棱，具毛。托叶呈卵形或阔披针形，先端锐尖，基部呈楔形或近钝圆形，上面无毛，下面和边缘被长柔毛，后渐脱落；小叶呈线状倒卵形至卵形，长2～5.5厘米，宽8～25毫米，先端渐尖，基部呈楔形，上面沿中脉和边缘被柔毛或无毛，下面有时毛被较密。总状花序顶生，长5～15厘米，具花2～3轮，2～3朵花轮生；苞片与托叶同型，被长柔毛；萼呈钟形，长10～17毫米；花冠为黄色，花瓣均具长瓣柄，旗瓣呈阔卵形或近肾形，翼瓣与旗瓣近等长，龙骨瓣与翼瓣近等宽。荚果呈长圆状卵形。种子处隆起，通常向下稍弯曲；有3～4粒种子；种子呈肾形，微扁，褐色。花期为5—7月，果期为7—8月。分布广，生于高山苔原、砾质荒漠、草原和河滩砂地，海拔2 400～4 800米区域。

图3-14　高山野决明

（6）青藏大戟（*Euphorbia altotibetica* O. Paula.，1922） 隶属被子植物门，双子叶植物纲，大戟目（Euphorbiales），大戟科（Euphorbiaceae），大戟属（*Euphorbia*）。多年生草本植物，全株光滑无毛。根呈粗线状，单一不分枝。茎直立，中下部单一不分枝，上部二歧分枝，高20～30厘米。叶互生，茎下部叶较小，向上渐大，多呈长方形，间有卵状长方形，先端呈浅波状或齿状，基部近平截或略呈浅凹；侧脉不明显；近无叶柄；总苞叶3～5枚，长与宽均为2～3厘米，近卵形；伞幅3～5条，长3.5～5.0厘米；苞叶2枚，形状同总苞叶，但较小。花序单生，呈阔钟状，高约3.5 毫米，直径5～6 毫米，边缘5裂，裂片呈椭圆形，先端2裂或近浅波状，不明显；腺体5个，呈横肾形、暗褐色。雄花多枚，明显伸出总苞外；雌花1枚，子房柄较长，达3～5 毫米，明显伸出总苞外；子房光滑；花柱3个，分离，柱头不分裂。蒴果呈卵球状，长约5毫米，直径为4～5毫米，果柄长8～10毫米；成熟时分裂为3个分果爿；花柱宿存。种子呈卵球状，长约3毫米，直径约2毫米，灰褐色，光滑无皱纹，腹面具不明显的脊纹；种阜呈尖头状，无柄。花果期为5—7月。生于海拔2 800～4 900米的山坡、草丛及湖边。我们所收集的样品采自色林错湖畔。

图3-15　青藏大戟

（7）狼毒（*Stellera chamaejasme* Linnaeus，1753）　隶属被子植物门，双子叶植物纲，桃金娘目（Myrtiflorae），瑞香科（Thymelaeaceae），狼毒属（*Stellera*）。又称断肠草、拔萝卜、燕子花、馒头花。多年生草本植物，高20～50厘米；根茎为木质，粗壮，圆柱形，表面为棕色，内面为淡黄色；茎直立，丛生，不分枝，纤细，呈绿色，有时带紫色，无毛，草质，基部木质化，有时具棕色鳞片。叶散生，稀对生或近轮生，薄纸质，呈披针形或长圆状披针形、稀长圆形；叶柄短，基部具关节，上面扁平或微具浅沟。花白色、黄色至带紫色，芳香，有多花的头状花序，顶生，呈圆球

图3-16　狼　毒

形；具绿色叶状总苞片；无花梗；花萼筒细瘦，长9～11毫米，具明显纵脉，基部略膨大，无毛，裂片5个，呈卵状长圆形，长2～4毫米，宽约2毫米，顶端圆形，稀截形，常具紫红色的网状脉纹；雄蕊10个，2轮，下轮着生于花萼筒的中部以上，上轮着生于花萼筒的喉部，花药微伸出，花丝极短，花药黄色，呈线状椭圆形；花盘一侧发达，呈线形；子房呈椭圆形，几无柄，上部被淡黄色丝状柔毛，花柱短，柱头呈头状，顶端微被黄色柔毛。果实呈圆锥形，上部或顶部有灰白色柔毛，被宿存的花萼筒所包围；种皮为膜质，淡紫色。花期为4—6月，果期为7—9月。产于我国北方及西南地区。生于海拔2 600～4 200米的干燥而向阳的高山草坡、草坪或河滩台地。狼毒的毒性较大，可以杀虫；根可入药，有祛痰、消积、止痛之功能，外敷可治疥癣。根还可提取工业用酒精，根及茎皮可造纸。

（8）砂生槐 [*Sophora moorcroftiana* (Benth.) Baker，1878] 隶属被子植物门，双子叶植物纲，蔷薇目（Rosales），豆科（Leguminosae），槐属（*Sophora*）。小灌木，高约1米。分枝多而密集，有羽状复叶，总状花序生于小枝顶端，花冠为蓝紫色，旗瓣呈卵状长圆形，子房较雄蕊短，被黄褐色柔毛，荚果呈不明显串珠状，稍压扁，有种子1～4（少于5）粒；种子为淡黄褐色，呈椭圆状球形，花期为5—7月，果期为7—10月。砂生槐是一种喜暖、旱中生灌木。多生于海拔2 800～

图3-17　砂生槐

4 400米的山坡灌丛中，或河漫滩砂质、石质山坡上，在雅鲁藏布江河谷常呈大片群落出现。

（9）垫状点地梅（*Androsace tapete* Maxim.，1888） 隶属报春花目（Primulales），报春花科（Primulaceae），点地梅属（*Androsace*）。多年生草本植物。株形为半球形的坚实垫状体，由多数根出短枝紧密排列而成；根出短枝被鳞覆的枯叶覆盖，呈棒状。当年生莲座状叶丛叠生于老叶丛上，通常无节间，直径为2～3毫米。叶有两型，外层叶呈卵状披针形或卵状三角形，长2～3毫米，较肥厚，先端钝，背部隆起，微具脊；内层叶呈线形或狭倒披针形，长2～3毫米，中上部为绿色，顶端具密集的白色画笔状毛，下部为白色，膜质，边缘具短缘毛。花葶近于无或极短；花单生，无梗或具极短的柄，包藏于叶丛中；苞片呈线形，膜质，有绿色细肋，约与花萼等长；花萼呈筒状，长4～5毫米，具稍明显的5棱，棱间通常为白色，膜质，分裂达全长的1/3，裂片呈三角形，先端钝，上部边缘具绢毛；花冠为粉红色，直径约5毫米，裂片呈倒卵形，边缘微呈波状。花期为6—7月。生于砾石山坡、河谷阶地和平缓的山顶，海拔3 500～5 000米的区域。是典型的高山植物，植株矮小，形成密丛或垫状体，花色艳丽，适合布置岩石园或盆栽供观赏。可作为地被植物。

图3-18　垫状点地梅

此外，从所属分布区类型来看，中国特有种子植物属以热带成分居多（42.0%），而青藏高原的种子植物则以温带成分为主（67.5%），这也跟高原地区气温常年偏低有关。

从水生植物的分布格局来看，藏北湖泊中的种类较少，但草甸、沼泽、湖滨地带物种数稍有增加，而藏东南地区的水体中种类数最为丰富。这些特点同样符合西藏地理大环境条件，与陆地植物的分布格局类似。青藏高原水生植被有沉水、浮叶、漂浮和挺水四个水生植被亚型，其中以沉水植物分布最广泛。沉水植物群落是青藏高原上最为广布的群落类型，构成了青藏高原水生植被的主体。随着海拔的升高，高原水生植物在形态与生理方面呈现出特殊的适应性，有些种类如睡莲、三裂碱毛茛、水蓼等，其叶片呈现橘红色或暗红色；有些种类如蓖齿眼子菜，植株逐渐变得低矮，茎不分枝，节间明显压缩，叶、花梗、花序变得短而细小。在滨水地带还有资源丰富的盐生植物，例如西藏角果碱蓬等等。

（10）三裂碱毛茛[*Halerpestes tricuspis* (Maxim.) Hand-Mazz.，1939]　隶属被子植物门，双子叶植物纲，毛茛目（Ranales），毛茛科（Ranunculaceae），碱毛茛属（*Halerpestes*）。多年生小草本。匍匐茎纤细，节处生根和簇生数叶。叶均基生；叶片质地较厚，形状多变异，呈菱状楔形至宽卵形，长1～2厘米，宽0.5～1厘米，

图3-19　三裂碱毛茛

基部呈楔形至截圆形，3中裂至3深裂，有时侧裂片中有2～3裂或有齿，中裂片较长，呈椭圆形，全缘，脉不明显，无毛或有柔毛；叶柄长1～2厘米，基部有膜质鞘。花葶高2～4厘米或更高，无毛或有柔毛，无叶或有1苞片；花单生，直径为7～10毫米；萼片椭圆形，长3～5毫米，边缘膜质；花瓣有5瓣，黄色或表面白色，呈狭椭圆形，长约5毫米，宽1.5～2毫米，顶端稍尖，有3～5脉，爪长约0.8毫米，蜜槽呈点状或上部分离成极小鳞片；雄蕊约20个，花药呈卵圆形，长0.5～0.8毫米，花丝长为花药的2～3倍；花托有短毛。聚合果近球形，直径约6毫米；瘦果20多枚，呈斜倒卵形，长1.2～2毫米，宽约1毫米，两面稍鼓起，有3～7条纵肋，无毛，喙长约0.5毫米。花果期为5—8月。在我国分布于西藏、四川西北部、陕西、甘肃、青海、新疆等地。生于海拔3 000～5 000米间的盐碱性湿草地。

（11）西藏角果碱蓬 [*Suaeda corniculata* var. *olufsenii* (Pauls.) G. L. Chu, 1903] 隶属被子植物门，双子叶植物纲，中央种子目（Centrospermae），藜科（Chenopodiace），碱蓬属（*Suaeda*）。植株矮小，茎自基部分枝，平卧。叶片近扁平，长3～12毫米，宽1.5～2毫米。产于我国西藏班戈县河滩、湖边沙地。

图3-20 西藏角果碱蓬

在广布藏北的大小湖泊中，浮游植物门类分布存在一定的规律性。通常来看，西藏湖泊浮游植物的种类主要集中在硅藻门、蓝藻门和绿藻门。2006年8—10月，对西藏阿里地区21个湖泊进行了初步调查，鉴定获得了105种浮游植物，其中硅藻有63种，占比60.0%；蓝藻25种，占比23.81%；绿藻15种，占比14.29%。2009年4—5月，对西藏那曲12个盐湖进行调查，共鉴定出了58种浮游植物，硅藻有34种，占比58.62%；绿藻有11种，占比18.97%；蓝藻有8种，占比13.79%。2012年6—7月，对西藏西南部的阿里、日喀则和那曲16个湖泊采集浮游植物，同样发现硅藻门、蓝藻门和绿藻门种类占据绝对优势。可见，西藏湖泊浮游植物中的硅藻、蓝藻和绿藻种类数，占到了浮游植物总种数的90%以上，特别是硅藻的种类数占据主要优势。

3.2 蓝藻，到底是细菌还是藻类

蓝藻是极为简单的原核生物。即便如此，这个简单的生命形式放在远古时代，也显得相当复杂了。所以，在认识蓝藻之前，我们需要先花些精力，了解一下地球上第一个生命究竟是如何“无中生有”的。

地球早期生命是如何产生的？对于这个问题答案的追寻，直接决定了我们人类能否解答自身的由来。17世纪，英国大主教詹姆斯·乌瑟根据《圣经》对亚当族谱的记载，推算出上帝在公元前4004年创造了世界。后来，剑桥大学校长约翰·莱特福特将上帝造人的时间，精确到了公元前4004年10月23日星期天早上9点。

在拉马克和达尔文等进化理论的开拓者研究之前，人们普遍认为各种生命是上帝在几千年前同时创造出来的。而且，既然上帝是万能和完美的体现，物种一经创造就必然恒久不变，既不会灭绝也不会进化。直到19世纪，考古和地质学方面获得的众多研究进展，才开始让物种可变的观念获得普遍接受，有些古老的物种早已灭绝，有些新的物种被不断发现。但那时候大多数人却持有一种非常“自然”的观念，他们认为自然界的生命可以凭空出现。

1609年，一名法国植物学家在写作中提到，在苏格兰有一种常见的树，其叶子落入水中慢慢变成了鱼，落到陆地上就变成了鸟。在中世纪的著作中，这样的说法随处可见——肉中爬出来的蛆虫、肉汤里的细菌，甚至垃圾桶中的老鼠，都是“无中生有”自发出现的。1668年，意大利医生佛朗西斯科·雷迪仅仅通过防止苍蝇接触肉，就简单地证明了蛆自发从肉中产生的说法不正确。

19世纪中期，法国科学家路易斯·巴斯德和英国科学家约翰·廷德尔，利用曲颈瓶对消毒后的肉汤做了试验，证实即使是微生物也不能自发产生。然而，一个始终无法回避的问题是，既然新生命必须由原有的生命繁殖产生，那么世界上第一个生命又是从何而来呢？芝加哥大学的化学家斯坦利·米勒的一句话给了当时的人们很大的启发，他说：“巴斯德只是证明了这种事情不会一直发生，但没有证明这种事情从未发生过。”

20世纪20年代，俄国科学家亚历山大·奥巴林和英国科学家约翰·霍尔丹认为，氧气很容易跟其他分子发生反应破坏化学键，富氧的环境倾向于使分子结构变得简单，因此推测地球早期大气成分中的氧含量必定很低。在这样的大气条件下，普通化学反应可以使得无机小分子产生复杂的有机小分子。随着时间推移，有机小分子变得越来越普遍，并继续组装成为有机大分子。这种被称为前生命演化的过程，可以视为达尔文式的“适者生存”的化学版本，并最终演化出了第一个生命体。

正是受到了奥巴林和霍尔丹假说的启发，米勒和哈罗德·尤里于1953年设计了一个试验装置，将甲烷、氢气、氨气和水蒸气混合起来，用来模拟早期地球大气的化学成分，然后通过电极放电模拟自然界的闪电，促使混合气体发生化学反应，结果获得了11种氨基酸，其中的4种即甘氨酸、丙氨酸、缬氨酸和天冬氨酸，是构成蛋白质的基本氨基酸，而且是蛋白质中含量最高的几种。这个经典的试验被列入生物学专业教材，用来阐释早期无机小分子是如何在闪电作用下被催化为有机小分子的。有了这些有机小分子化合物作为基础，构成生命大厦的蛋白质原料的合成就有了希望。

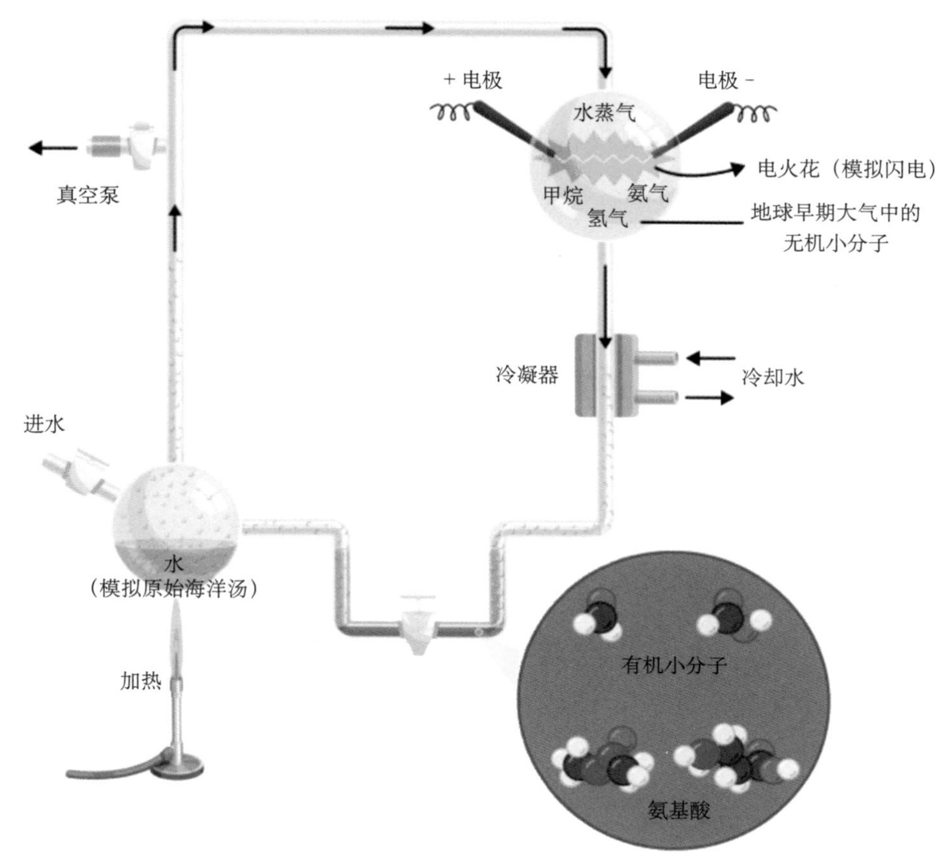

图3-21　米勒试验装置示意图

近些年，新的证据表明地球早期大气成分可能跟米勒试验中使用的气体并不相同，但更换了接近于真实情况的模拟大气成分后，试验同样会产生有机小分子。或许，我们永远都搞不清楚早期大气到底是什么样子的，但对于其能够形成有机小分子这件事还是很有信心的。

更有趣的是，在澳大利亚默奇森（Murchison）附近坠落的一块陨石中，发现其含有的氨基酸种类与数量都十分接近米勒试验的结果。莫非，宇宙的生命早期化学反应，遵循着几乎相同的模式？由此，是否可以大胆猜想，其他星球上的生命形式，与地球生命共享着相似甚至相同的构建法则？科学家已经达成共识，认为某些有机小分子来自天外，小行星或彗星撞击地球的同时，带来了丰富的有机原材料。通过对陨石坑中找到的陨石的分析，发现有些陨石中含有高浓度的氨基酸和其他简单的有机小分子。

除了氨基酸实验之外，科学家还通过使用紫外线辐射氰化氢和氨溶液，合成了腺嘌呤，而甲烷和氮气经辐射可以生成胞嘧啶。1963年，发现以甲醛为原料，经紫外线辐射后可以直接得到核糖与脱氧核糖。2009年，胞苷-2',3'-环磷酸可能的合成途径被提出，为原始海洋汤中RNA的起源问题提供了依据。

所谓原始海洋汤，是指地球在45亿年前，经过了太阳系中的“星球大战”后，经过两亿年时间才由“狂热”的状态逐渐“冷静”下来，地表温度的降低使得液态水得以保存，逐渐在低洼区域汇集为海洋。正是在这“一大锅咸汤”中，生命开始了它的化学演化过程。

蛋白质并非是第一个出现的生物大分子。一直以来，科学界认为RNA才是首先出现的生物大分子，它承担了催化和遗传的双重功能。后来，催化功能交给了更擅长此道的蛋白质（酶），遗传功能交给了结构更稳定的DNA。然而，这一构想在2020年受到了挑战。《自然》期刊2020年6月的一篇论文表明，生命起源之初RNA和DNA的基本构件可以同时形成和共存于原始海洋汤中，RNA与DNA不是一个产生了另一个的先后关系，而是从某个“先祖成分”中共同独立分化出来。

除了蛋白质和核酸之外，还有一个问题也不能忽视，那就是关于卟啉的生成。卟啉是生物体内某些重要色素的基础结构，植物体内的叶绿素和动物体内的血红素，都含有卟啉结构。

将甲醛和吡咯加热到84℃，并且在金属离子的参与下，就可以生成金属卟啉化合物。卟啉环的形成，为光合作用产生分子氧，进而为改变地球大气成分做好了准备。从此，地球生命演化的大方向也随之改变。

细胞是生命的基本结构单位和功能单位。地球似乎是在35亿年前的太古代早期，出现了第一个原始细胞生命体，化石证据包括在澳洲西部和非洲南部富含硅质的燧石中发现的蓝细菌、在南非巴伯顿绿岩带中发现的与现代蓝细菌类似的微体

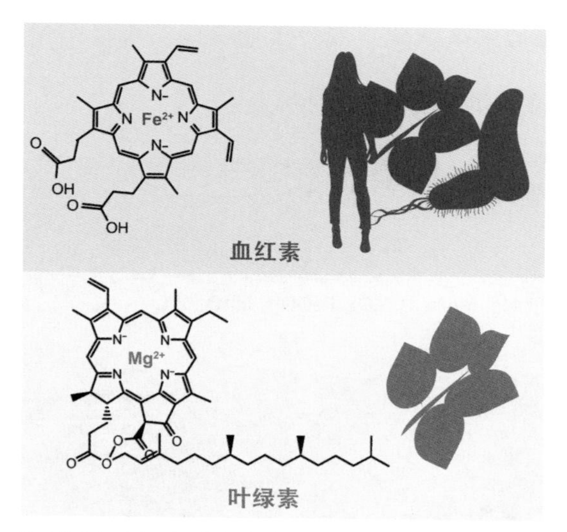

图3-22　叶绿素和血红素都含有卟啉环结构（改自Kloehn et al,2020）

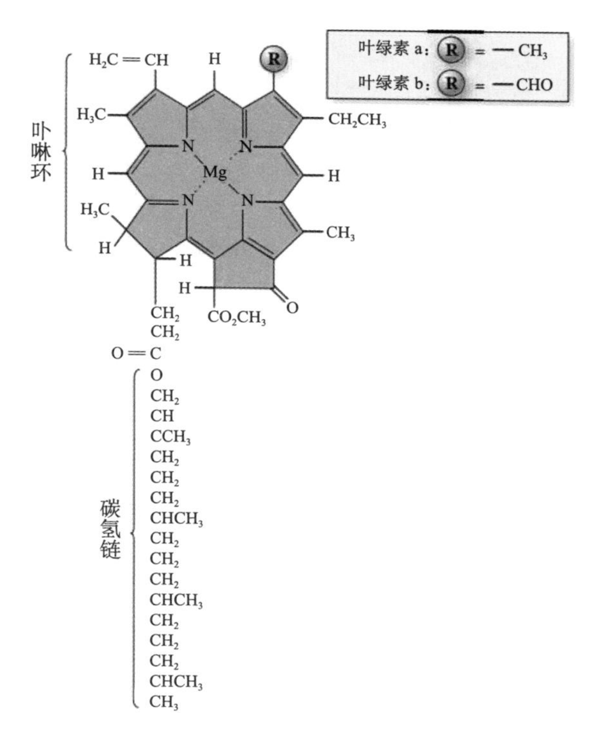

图3-23　叶绿素a和b在卟啉环结构上的差异

化石等，它们都是已知的最古老的单细胞生物。而关于原始细胞的起源地，一直以来都有很多争议，形成了陆相起源、海相起源和深海烟囱起源三大学说。科学界普遍倾向于认为，大洋底部火山口的热泉喷涌，制造了一个从下至上温度逐渐降低的

"烟囱"结构，为海神波塞冬熬制一锅"生命高汤"提供了绝佳条件，而古细菌的发现也为深海烟囱学说提供了有力的支持。

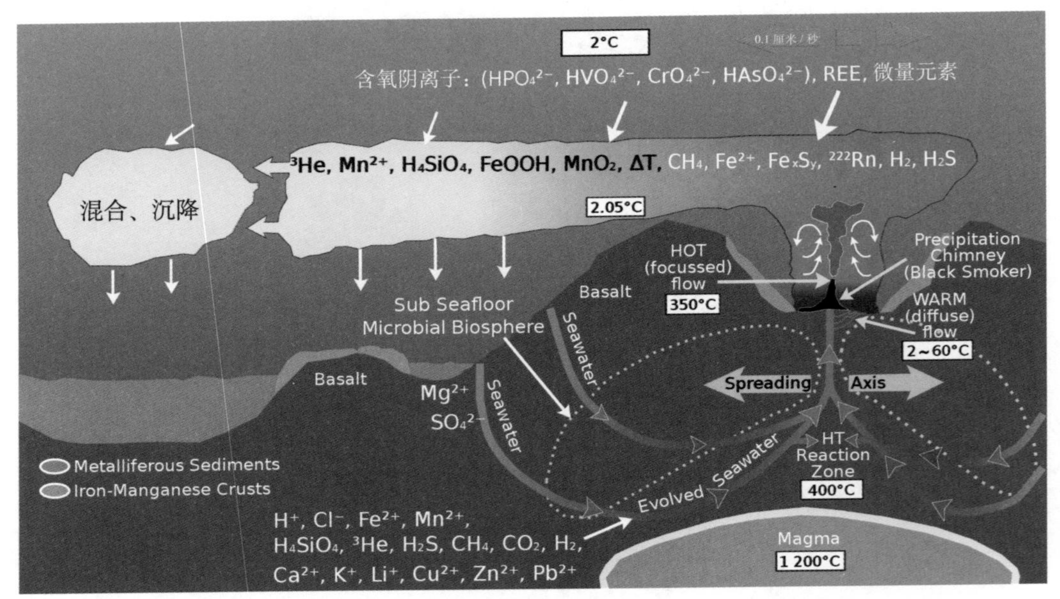

图3-24　深海"烟囱"形成的化学反应（PMEL Earth-Ocean Interactions Program,2021）

尽管这些听上去貌似合理，还符合很多科学研究结果，但并非是确凿无疑和无懈可击的。关于生命起源的研究，始终绕不开一个难关，那就是它包含了太多的想象和争议。科学结论必须经得起检验，但生命起源过程却没有留下太多记录，科学家更像是一群侦探，只能先建立起各种假说，然后通过试验模拟确定假说中提出的每一步化学和生物的反应过程是否有可能发生，以此来检验假说的可靠性。

目前，我们唯一能确认的是，最早的生物是厌氧型原核单细胞生物，以硫化氢（H_2S）之类的有机化合物作为化能代谢的原料进行新陈代谢。随着这些厌氧细菌不断分裂繁殖，前生命演化阶段积累的有机物眼看着就要被逐渐消耗殆尽，摆在它们面前的挑战可以用莎士比亚的那句名言形容——生存或死亡，这是个问题。

一个好消息是，某些细菌进化出了利用太阳能的"超能力"，主动驱动小分子合成高能大分子。这个自力更生丰衣足食的过程就是光合作用。最早的光合细菌很可能是惯性地使用水中的硫化氢作为氢源，就像现在的紫光合细菌一样。硫化氢主要由早期火山运动产生，随着硫化氢储备大大减少，迫使细菌进一步改变策略，进化出的新功能以利用这个星球上最丰富的氢源——水（H_2O）。

水基光合作用将水和二氧化碳转化为碳水化合物（糖类），同时释放了副产品氧气。这种全新的捕获能量的方法，为地球大气第一次带来了自由氧。开始的时候，新生成的氧气迅速被消耗掉，特别是地壳中一种极为常见的活泼原子——铁，氧气与铁原子结合形成了氧化铁沉淀，也就是我们今天依然熟悉的铁锈，导致了这个时期的地质岩层中含有大量的氧化铁。

在所有能与氧气接触的铁都变成铁锈之后，大气中的氧气含量才开始积累上升。地质学分析表明，大约在23亿年前，地球大气中第一次出现了大量的氧气，这些氧气是由跟现在的蓝藻十分相似的细菌制造的。由于地球上的氧气分子不断循环利用，所以直至今天，我们几乎每个人的一生中都肯定有机会吸入20多亿年前某个细菌祖先释放的氧气分子。一饮一啄，皆有因果；一呼一吸，俱是天恩。

氧气对于当时的生命来说是十分危险的，它可以和有机分子发生反应，将这些分子“肢解”。现代的很多厌氧菌，一旦暴露在氧气中就会死亡，氧气对它们来说依然致命，正如对它们的老祖宗一样。作为当初的一种有毒气体，氧气导致本来占据优势的厌氧菌几乎灭绝，但同时又恰好促进了好氧菌的诞生。进化的故事，就是死亡与新生、毁灭与创造协同并进的过程。在这种新的环境压力之下，自然选择这只大手左挥右舞，画出了生命进化的第一笔色彩。好氧菌不但找到了减轻氧气杀伤性的防御手段，还巧妙地利用氧气实现了有氧呼吸，为自身细胞提供了能量。好氧代谢比厌氧代谢效率更高，利用氧气代谢食物分子让细胞可获取的能量大大增加，好氧菌就有了更大的选择优势，开始在地球舞台上扮演起主要角色。

如今，我们对生命演化之树有了较为清晰的认知。按照三分支理论，可以分为三大域，即真细菌、古细菌和真核生物。真细菌包括已知的绝大多数原核生物，如细菌、放线菌、螺旋体、衣原体、支原体等，古细菌只生活在高温、极寒、高盐等极端环境中。真细菌和古细菌都是原核生物，而以人类为代表的相对复杂的高等生命体全部是真核生物。

据推测，化学演化诞生了原始细胞“原祖”之后，首先产生了古细菌（又名原细菌），它们就是那群厌氧化能自养型细菌。随后，蓝细菌的出现实现了光合作用，将太阳能转化为化学能，同时释放了氧气，使得大气氧含量逐渐上升，显著改变了地球早期的大气成分。某些能够适应氧气条件的细菌，开始通过有氧呼吸供能满足自身需要，其效率较古老的古细菌更高，从而使得这些好氧菌迅速繁殖并变得多样化，逐渐成为元古代时期地球上的优势者。古细菌则退守到了深海、湖泊和泥沼等环境中，但依然不断适应着地球环境的变化，演变出如今丰富多彩的极端种类，包括极端嗜热菌、硫氧化菌、产甲烷菌、盐细菌等。古细菌不仅演化出了真细菌，其中的某些类型还演化为真核细胞，但真核细胞究竟起源自哪一类古细菌还不太清楚。

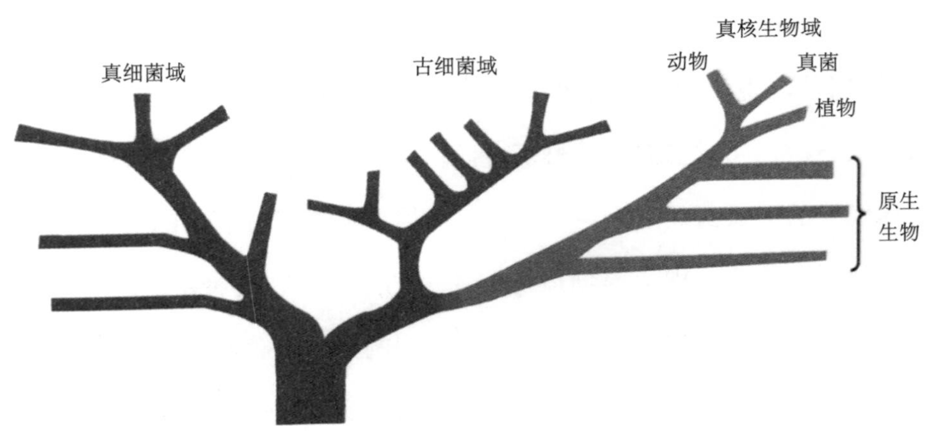

图3-25　三分支进化理论（奥德斯克 等，2016）

原核细胞没有细胞核结构，也没有各种复杂的细胞器，其体内的遗传物质DNA集中分布在一个叫做核区的部位，整个身体构造相对简单得多。与原核细胞相比，真核细胞内具有细胞核和细胞器。科学界对于细胞器是如何产生的，提出了内共生学说和渐进学说。

简而言之，内共生学说认为，体型较大的某个原核细胞，吞噬了体型较小的原核细胞，后者在前者体内生存下来，二者形成互利共生关系，并逐渐特化为细胞器，但该理论无法解释细胞核的起源。渐进学说则认为，是细胞膜的内陷形成了细胞核和细胞器，对于某些细胞器如内质网和高尔基体的形成，给出了相对合理的解释。

总之，两大学说都有相关的证据加以支持，综合起来似乎更有助于理解这一重大进化事件。真核细胞的出现，为有性生殖打下了基础，推动了生命向多细胞化的方向发展，最终促成了动物、植物和菌类三极生态系统的建立，让地球生命世界展现出高度的物种多样性之景貌。

蓝细菌（Cyanobacteria）就是蓝藻。在微生物学上，它被归入细菌行列；在藻类学中，又将其称之为蓝藻（blue algae）或蓝绿藻（blue-green algae）。究竟是藻类还是细菌，称谓上的选择，主要还是取决于研究者的立场，大可不必钻牛角尖。

从细菌角度来看，蓝细菌是革兰氏阴性菌，无鞭毛，无细胞核，跟光合细菌相比，蓝细菌在进行光合作用的同时释放氧气，而光合细菌只能进行原始的光合磷酸化反应，不能释放出氧气。

从藻类角度来看，蓝藻含有叶绿素a，但没有叶绿体，与其他真核藻类形成了明显的区别。蓝藻还含有类囊体和藻胆素，加之可以光合放氧，又跟其他细菌不太一样。故此，藻类学家依然将蓝藻独立划分为蓝藻门（Cyanophyta）。

蓝藻是单细胞原核生物，但却很少以单细胞状态生活，通常会形成群体或丝状体，群体形态多种多样，呈卵球形、网状、不规则形态的都有，丝状体有分支状的，也有不分支的。从聚群行为也可以看出，蓝藻比一般的细菌更高等些，但比起真正的多细胞生物还差了一大截。

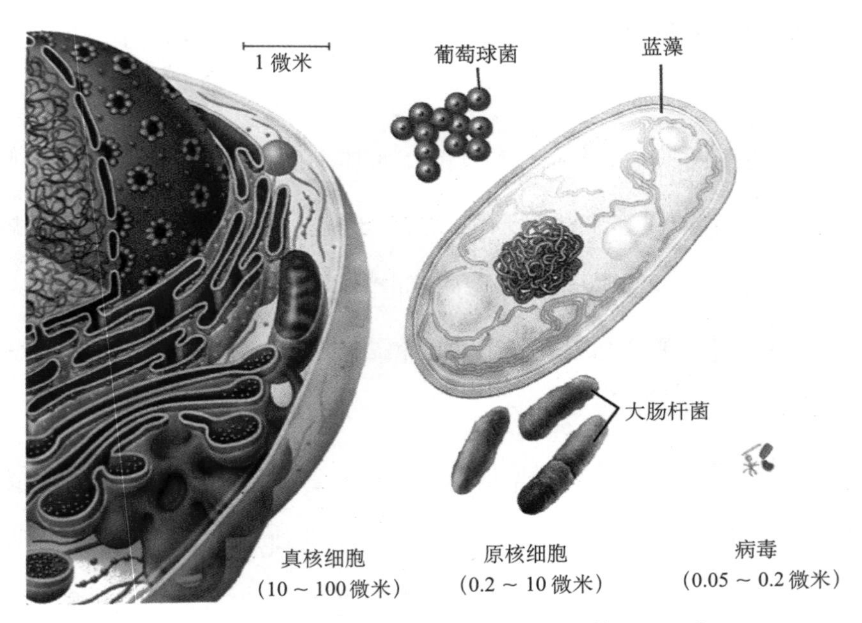

图3-26　蓝藻的细胞大小（奥德斯克 等，2016）

无论是群体还是丝状体，其外周常常包裹着一层胶质，这是蓝藻的一个鲜明特点。群体外周的胶质层被称为胶被（gelatinous envelope），丝状体外周的胶质层被称为胶鞘（gelatinous sheath）。

像细菌和植物一样，蓝藻细胞也有细胞壁。蓝藻细胞壁的主要成分是肽聚糖，又称黏肽。这一点跟细菌相同，但跟其他藻类却截然不同，也体现了蓝藻与细菌十分相近。

坚韧的细胞壁起到保护作用，内部被包裹的是相对柔弱的原生质体。蓝藻细胞的原生质体中央部位是核质，也就是遗传物质集中的区域。光合色素均匀地分布在原生质体周边的色素区，使得细胞在光的反射下呈现出特定的颜色。

蓝藻含有叶绿素a、胡萝卜素、叶黄素，但含量最多的是藻胆素，它们是蓝藻的特征性色素，包括藻蓝素（phycocyanin）、藻红素（phycoerythrin）和别藻蓝素（allophycocyanin）三大类，它们都是蛋白质类色素，所以也称之为藻蓝蛋白、藻红蛋白和别藻蓝蛋白。叶绿素和藻胆素含量比例不同，导致不同种类的蓝藻颜色不尽相同，但通常呈现蓝绿色。

蓝藻光合作用的产物除了淀粉之外，还有一类特殊的物质叫做蓝藻颗粒，这是一种蛋白质。在某些条件下，蓝藻细胞内会形成一种叫作假空泡的气泡结构，在显微镜下呈现出黑色、红色或紫色，外面是一层蛋白质膜，透气不透水，内含氮气之类的混合气体，可以与水中的溶解气体保持动态平衡。假空泡使得细胞呈现一定的浮力，可以让蓝藻悬浮在水体表层，以便更好地接触阳光进行光合作用。随着光合作用的加强，细胞生产的有机质产物含量大增，导致细胞内的压力增高，一旦内压超过一定程度，假空泡就会陆续破裂，细胞因浮力降低而慢慢下沉。当假空泡数量重新增加后，细胞又会重新上浮。如此一来，蓝藻可以借助假空泡实现在水层中的垂直移动，“晒太阳”“搞生产”忙得不亦乐乎，使其在跟其他种类的藻类竞争光照和营养方面具备了一定的优势。

蓝藻的生殖方式十分简单。非丝状体蓝藻采用细胞裂殖的方式，而丝状体蓝藻会在藻丝上形成短的分叉结构，称为段殖体或藻殖体。形成后不久，段殖体就能脱落，长成新的藻丝。丝状体蓝藻还能以孢子方式生殖，有的种类形成内孢子，有的种类形成外孢子，还常常会形成厚壁孢子。厚壁孢子是由普通营养细胞通过营养物质积累导致体积增大形成的，与其他孢子相比，其细胞壁明显增厚。厚壁孢子生命力极强，能在不利的环境中长期休眠，等外界条件变好了再萌发，这是蓝藻应对外界环境变化采取的自我保护策略。

在观察丝状体蓝藻时，经常还能发现内部空空如也的透明细胞，它们是没有生殖功能的孢子或孢子囊，称为异形孢子。跟科幻电影中代表恐怖一词的“异形”不同，异形孢子可是个好东西，因为具有异形孢子的蓝藻能够固定空气中的氮。在水中的氮元素含量匮乏时，异形孢子的数目还会明显增加，以增强其固氮能力。

蓝藻在世界范围内分布十分广泛，全球已知约有2 000种，中国记录的约有900种，其中超过75%是淡水种，海水种类相对少些，有些种类跟其他的苔藓、蕨类甚至裸子植物共生，还有些可以在岩层、土壤乃至沙漠中生存。

蓝藻门下分为三个纲，也可以归入一个纲，统称为蓝藻纲，之下划分为蓝色球藻目、颤藻目、念珠藻目和真枝藻目，常见的代表性种属包括蓝纤维藻（*Dactylococcopsis*）、色球藻（*Chroococcus*）、聚球藻（*Synechococcus*）、平裂藻（*Merismopedia*）、微囊藻（*Microcystis*）、颤藻（*Oscillatoria*）、螺旋藻（*Spirulina*）、席藻（*Phormidium*）、鱼腥藻（*Anabaena*）、念珠藻（*Nostoc*）、黏球藻（*Gloeocapsa*）等。

以下是西藏湖泊中采集到的两种常见蓝藻（小颤藻和大螺旋藻）。

蓝藻喜欢高温和强光照，在温暖的季节大量繁殖，会形成水华。水华的发生是外界环境与藻类自身相互作用形成的结果。一般认为，人类活动向水体中排放了过量的氮磷物质，它们是藻类生长所需的营养元素。当水体中的总氮和总磷分别超过0.5 和0.02 毫克/升时，就会有水华暴发的隐患。氮磷元素含量过高是导致水华出现的基础，如果又赶上持续高温、降水量少、竞争营养的其他藻类少、滤食蓝藻的浮游动物和鱼类在种类或数量上均少等条件的具备，那么暴发蓝藻水华的概率就非常之高。蓝藻利用假空泡获得种间竞争优势，挤占了其他藻类接触阳光和吸收营养的空间，这也是蓝藻经常成为水华主要元凶的原因之一。

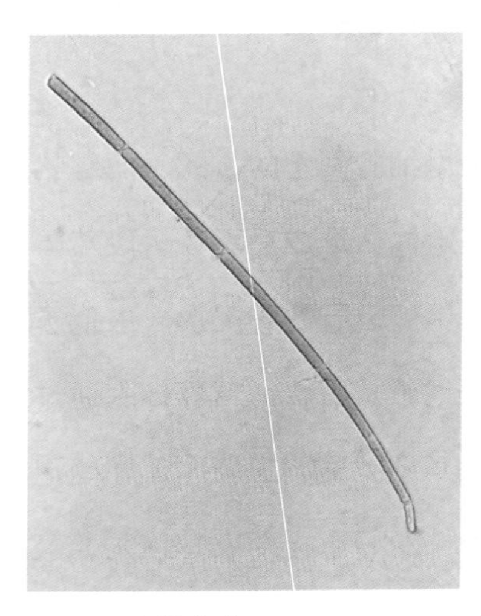

图3-27　小颤藻（*Oscillatoria tenuis*）

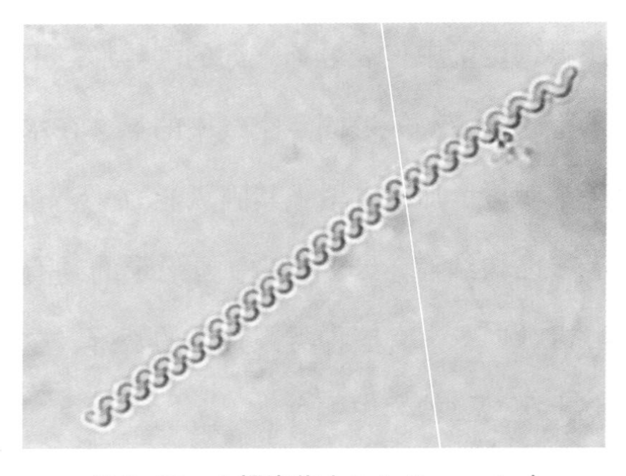

图3-28　大螺旋藻（*Spirulina major*）

以蓝藻中最为常见、分布最广的微囊藻为例。当微囊藻过量繁殖时，水体的透明度变得极低，水面的有光层比以往要薄，下层的微囊藻长时间处于低光照下，诱发细胞内的假空泡形成，使得细胞开始迅速上浮，但由于表层水的光照也不是很强，导致假空泡因细胞内压不够无法破裂，进而让藻体聚集在水体表面形成斑块状浮渣，藻体死亡分解后散发出腥臭味道，消耗了水中的溶解氧，鱼类会因为缺氧而死亡，也会因为藻体死亡分解产生的羟胺或硫化氢中毒而死。同时，微囊藻还能产生微囊藻毒素，属于肝毒素类，直接威胁到了人类的健康。

我国云南滇池和江苏太湖是著名的淡水湖泊，由于受到蓝藻水华的影响大大降低了水体的生态系统功能。淡水湖泊作为水源地，水华的出现对当地居民的日常生活也造成了影响。湖泊也有一个从形成、发展、壮大到衰退、死亡的过程。水华的出现将会大大降低水生物种多样性，加速湖泊群落向着沼泽陆地化演替的进程，也就是等于加速了湖泊的死亡。换句话说，生态失衡过后会形成新的平衡，一旦稳定就会呈现全新的景观，但以往生活在这片区域的物种，会有相当一部分彻底消失。人类是自然界的物种之一，生态灾难会迫使人们从居住地迁出。除非尽力修复生态环境使其回到原来的状态，否则人类作为生态灾难的主要制造者，也必将成为主要的受害者。

蓝藻并非只会为非作歹的“坏藻”，有些种类具有极高的经济价值。比如，我国特产发菜就是蓝藻中的发状念珠藻，而鼎鼎大名的营养食品螺旋藻更是家喻户晓。如何充分利用好这些宝贵的生物资源，是摆在藻类学家和广大企业家面前的一个重要课题。

3.3 硅藻，它们是海洋中的霸主

自然界湖泊数量众多，在其形成的初始阶段，大多数湖泊的氮磷等营养物质含量很低，藻类和大型水生植物的生产力水平不高，水中的溶解氧丰富，水色在感官上给人一种清澈透明的观感。这正是我们在西藏湖泊考察时经常见到的景象。随着时间的推移，湖泊水体与外界环境不断进行物质交换，湖水中营养物质的含量不断增加，水生生物的生产力水平相应提高，湖泊生物与所需营养盐之间维持相对长期的良好平衡状态。如果湖泊所在地区外部环境条件发生变化，例如地震、火山爆发等自然现象以及人类工农业生产活动等，有些湖泊会因为富营养化而出现水华，也有些湖泊尽管营养物质含量很高，但却因为湖水中存在某些抑制因子如有毒污染物、盐碱化程度高等，制约了水生生物的生长，湖泊生物生产力水平非但不会随着营养水平上升而上升，甚至有所下降。

为了对自然界的众多湖泊有一个清楚的认识，我们就需要对湖泊的营养类型进行科学的分类。目前，湖泊学界给出了三级分类原则。

第一级，根据湖泊生物生长与所需营养物之间的关系，将湖泊划分为协调营养型和非协调营养型两大类。前者是湖泊生物生产力随湖水中营养物质浓度增加而上升的湖泊，后者是生物生产力随湖水中营养物浓度增加而上升不明显甚至减少的湖泊。

第二级，对于协调营养型湖泊，根据湖水中营养物质含量和生物现存量的多寡，分为贫营养、中营养、富营养三种类型。营养物质浓度高、藻类或大型水生植物数量多的湖泊，称为富营养型湖泊；营养物质浓度很低、藻类或大型水生植物数量很少的湖泊，称为贫营养型湖泊；介于二者之间的称为中营养型湖泊。对于非协调营养型湖泊，根据阻碍水生生物正常生长的原因，分为碱性营养型湖泊、酸性营养型湖泊和超营养型湖泊三种类型。湖水pH过高而影响水生生物正常生长的湖泊称为碱性营养型；湖水pH过低而抑制水生生物正常生长的湖泊称为酸性营养型；湖水中营养盐浓度过高而影响水生生物正常生长的湖泊称为超营养型。

第三级，根据湖水中初级生产者生物的种类，分为藻型、草型和藻草混合型三种。通过湖水中藻类和大型水生植物生物量的比较，或大型水生植物分布的面积大小等方法来判定，将藻类占优势的湖泊称为藻型，大型水生植物占优势的湖泊称为草型，藻类和大型水生植物生物量相当的湖泊称为藻草混合型。

在实际的湖泊调查工作中，还需要根据盐度、矿化度、离子类型等，对不同湖泊进行描述，才能较为全面地反映湖泊的水体状态。

一般而言，蓝藻为优势类群表示水体呈富营养化状态，绿藻为优势类群表示水体呈中营养化状态，而硅藻为优势类群表示水体呈贫营养化状态。在西藏湖泊中，硅藻占据了绝对优势，绿藻和蓝藻仅次于硅藻，但占比又远低于硅藻，说明了西藏湖泊主要是贫营养型和中营养型。对湖泊中的营养盐浓度进行测定，同样支持上述结论。由于水中缺乏足够的食物，也就是所谓的生物生产力水平较低，俗话叫做“水瘦”，水中鱼类的生长速度非常缓慢。此外，西藏湖泊水温较低，夜晚甚至能降至冰点附近，这也大大减缓了鱼类的生长速度。

西藏的很多湖泊都被视为圣湖，受到当地藏民和政府的保护。人迹罕至的湖泊，由于交通不便和位置模糊，很少受到外界的人为干扰。与经济发达地区相比，西藏多数湖泊还保持着相对原生态的状态，既没有高强度的工业生产活动，也没有人工渔业养殖生产的干扰。当地藏民多以放牧为生，牦牛是主要的牧养品种，保持着简单朴素的生活方式。综合这些因素就不难理解，为何硅藻会成为西藏湖泊中的主要藻类了。

图3-29　科考队员张鹏在那根拉山口

图3-30 “天堂的眼睛”——纳木错

硅藻（diatom）细胞壁富含硅质，这是硅藻名字的由来。细胞壁壳面上具有排列规则的花纹，让硅藻看上去十分美丽，彰显出大自然鬼斧神工般的几何学功底。在硅藻中，浮游种类的细胞壁较薄，底栖种类的细胞壁较厚，符合它们各自的生活特点。

硅藻细胞壁的构造十分奇特，像香皂盒一样上下嵌套起来，较大的上壳（epitheca）套在外面，相当于盒盖；较小的下壳（hypotheca）套在里面，相当于盒底。上壳和下壳都不是整块的，而是由壳面（valve）和相连带（girdle band）两部分构成，壳面与相连带相互垂直。羽纹纲硅藻的细胞壁上还有一个叫做壳缝的重要结构。羽纹纲硅藻多数都具有壳缝结构，而壳缝使得这些种类的硅藻具备了运动能力。

凡是贯壳轴长度较长的种类，其细胞壁上还有一个叫做间生带（intercalary band）的结构，又称为节间带、间插带，数目为1条、2条或多条不等，花纹有环状、领状、鱼鳞状。这些有间生带的硅藻，细胞壁内部都有伸展成片状的隔片

(septum)，通常与壳面平行排列，从细胞的一端或两端向内延伸。如果隔片一端是游离的，称为假隔片（半隔片）；如果隔片从细胞壁的一端贯通到另一端，称为真隔片（全隔片）。细胞外部的间生带和内部的隔片，都起到了增加细胞壁强度的作用。

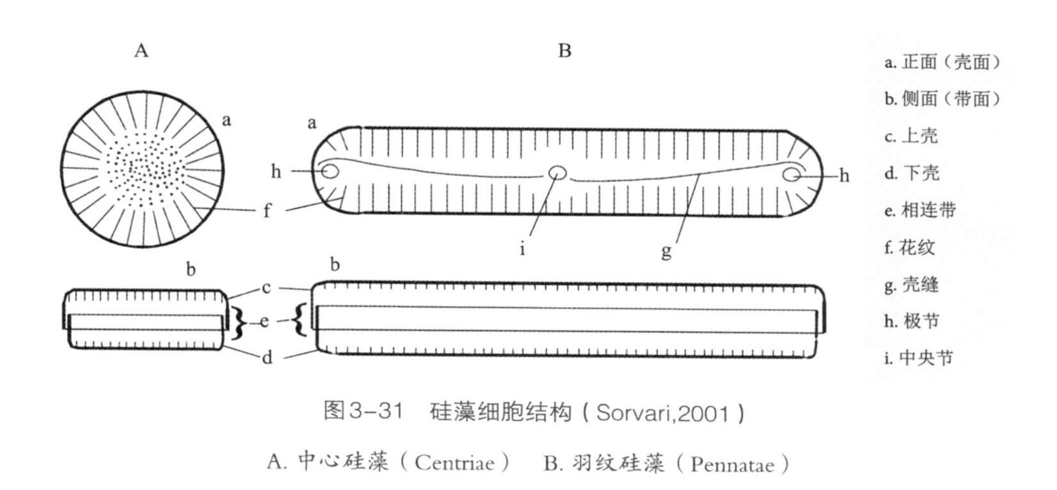

图3-31 硅藻细胞结构（Sorvari,2001）

A. 中心硅藻（Centriae） B. 羽纹硅藻（Pennatae）

为了描述硅藻的外形结构，我们需要规定观察角度，因此划分出三个轴和三个面。三个轴是纵轴、横轴和贯壳轴，三个面是壳面、纵轴带面和横轴带面。根据假设出来的几何结构线，纵轴（apical axis，AA）是壳面中央的纵线，也可称为长轴；横轴（transapical axis，TA）是壳面中央的横线，也可称为短轴；贯壳轴（pervalvar axis，PA）是上壳与下壳壳面中心点的连接线，顾名思义是贯穿了上、下壳的轴线。有了轴的概念，面的概念就容易理解了。沿着纵轴和贯壳轴纵切，就形成了纵轴带面；沿着横轴和贯壳轴横切，就形成了横轴带面。

从壳面看到的硅藻，称为壳面观；从带面看到的硅藻，称为带面观。一般在显微镜下观察时，常常看到的是壳面和长轴带面，短轴带面不容易看到。通俗来说，壳面相当于硅藻身体的“正面”，长轴带面相当于硅藻身体的“侧面”。从正面和侧面观察时，硅藻的形态截然不同，因此需要敲打、振动样品，让硅藻在镜下的水中翻转身体，才能看清它的全貌。

图3-32　几种硅藻在扫描电子显微镜下的形态（Mary Ann Tiffany摄）

A. 网状盒形藻（*Biddulphia reticulata*）　B. 双壁藻（*Diploneis* sp.）
C. 辐射乳头盘藻（*Eupodiscus radiatus*）　D. 变异直链藻（*Melosira varians*）

硅藻细胞壁外面还有各种突出物，细长的叫毛，短粗的叫刺，非毛非刺的叫突起，还有呈胶质的胶质线或胶质块以及膜状突起等。这些突出物起到增加浮力和细胞间互相连接的作用。将人类的语言发挥到极致，也难以完善地描述自然界的客观存在。假如硅藻界有自己的科学家，或许他们会给自己的身体结构，起更好听的名称吧，而不是“毛”啊“刺”啊之类的粗俗用词。

硅藻的光合色素有叶绿素a、胡萝卜素、叶黄素，这些跟蓝藻相同，但硅藻还含有较多的叶绿素c，与胡萝卜素和叶黄素共同形成了硅藻的黄褐色外观。硅藻光合作用合成的产物是油滴，显微镜下的油滴呈现光亮透明的小球状。硅藻是真核生物，有细胞核结构，位于细胞中央，也常常会被大液泡挤到一侧。

不像蓝藻那样简单的生殖，硅藻的生殖方式要复杂得多。硅藻通常以普通的细胞分裂方式进行生殖，但硅藻的裂殖存在一种有趣的特殊现象。分裂初期，原生质体略微增大，细胞核先分裂，原生质体跟着一分为二，母细胞的上壳和下壳打开，新形成的两个子细胞，一个带着上壳，一个带着下壳。带着上壳的子细胞制造新的下壳，其细胞大小跟母细胞相等；带着下壳的子细胞却将下壳作为上壳，也制造出新的下壳，因此其细胞要比母细胞小一些。如此不断分裂下去，有些硅藻细胞的个头就会越来越小，小到一定尺寸就停止了分裂，转而产生一种特殊的孢子，可以让细胞恢复原来的大小，这种孢子叫做复大孢子（auxospore）。复大孢子可以通过营养细胞直接膨大形成，也可以通过两个细胞的接合作用，以有性生殖的方式产生。

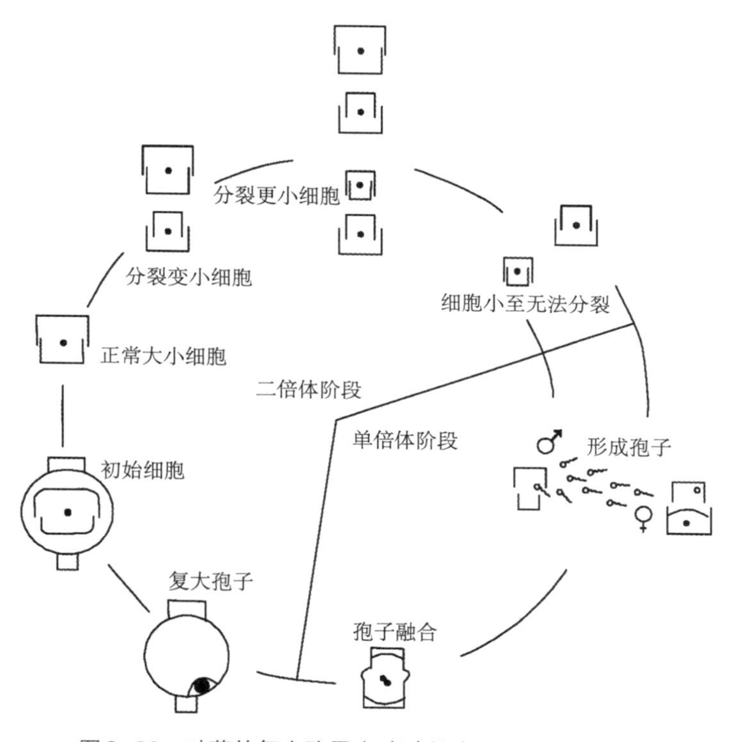

图3-33　硅藻的复大孢子生殖过程（Sorvari,2001）

对于中心硅藻来说，还常见一种叫做小孢子生殖的方式，其细胞核和原生质体会多次分裂，形成8个、16个、32个、64个、128个数量不等的小孢子，每个小孢子有1～4条鞭毛，成熟以后逸出，相互结合为合子，每个合子再萌发为新个体。

硅藻属于不等鞭毛类原生生物。根据壳的形状和花纹排列方式，硅藻门可分为两个纲，中心硅藻纲（Centriae）和羽纹硅藻纲（Pennatae）。中心纲硅藻细胞的外形是圆盘形、圆柱形、三角形、多角形的，壳面花纹呈现辐射排列；羽纹纲硅藻细胞的外形是线形、针形、菱形、舟形、新月形、椭圆形、卵形、S形的，壳面花纹呈现羽状排列。

中心纲硅藻大多生活在海水中，没有壳缝或假壳缝，不能运动，分为三个目：圆筛藻目（Coscinodiscales）、根管藻目（Rhizosoleniales）、盒形藻目（Biddulphiales）。羽纹纲硅藻大多生活在淡水中，多数有壳缝或假壳缝，能够运动，分为五个目：无壳缝目（Araphidiales）、短壳缝目（Raphidionales）、单壳缝目（Monoraphidinales）、双壳缝目（Biraphidinales）、管壳缝目（Aulonoraphidinales）。

以下是西藏湖泊中采集到的几种常见硅藻。

（1）双菱藻（*Surirella*） 属于管壳缝目，双菱藻科，在淡水、海水及半咸水中均有分布，壳面呈卵圆形、椭圆形或线形，带面呈细长形或楔形。身体两侧具有龙骨突，上面有管壳缝，横肋纹有细线纹。卵形双菱藻和端毛双菱藻都是该属的常见种类。

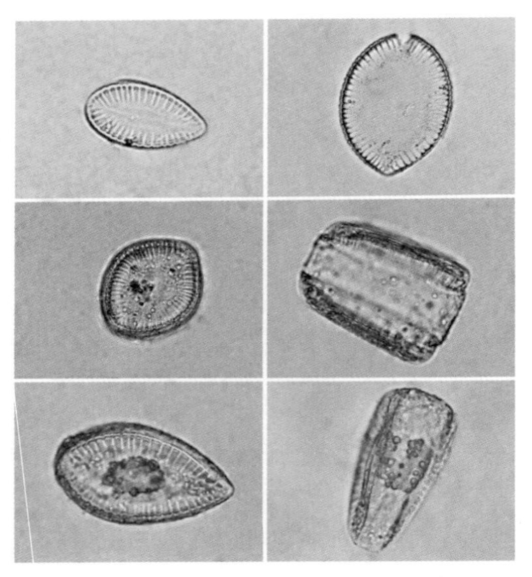

图3-34 卵形双菱藻（*S. ovata*）

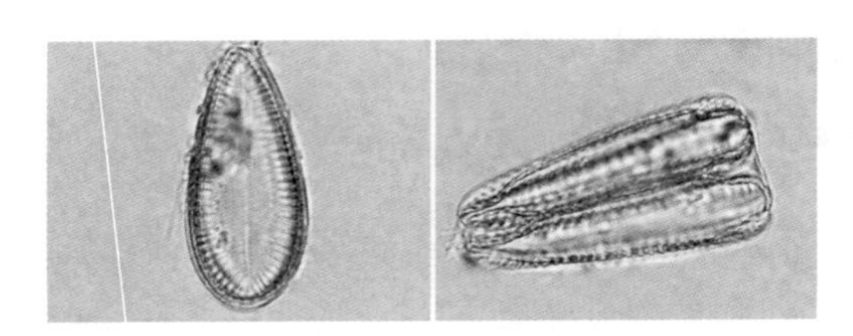

图3-35 端毛双菱藻（*S. capronii*）

（2）菱形藻（*Nitzschia*） 属于管壳缝目，菱形藻科，壳面呈S形、椭圆形或线形，壳边缘具有管壳缝，在海水、淡水、半咸水中都有分布。谷皮菱形藻是该属的常见种类。

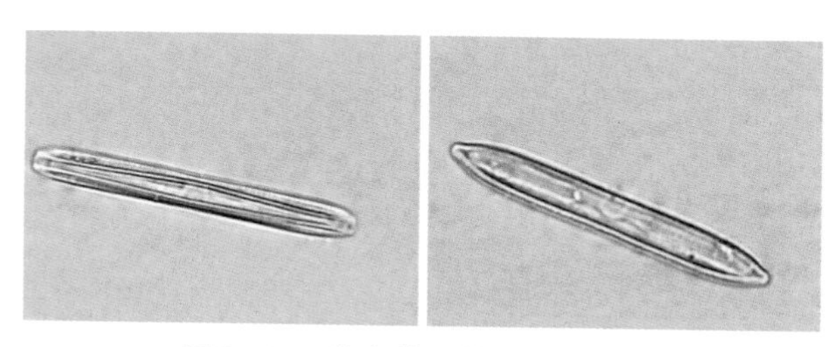

图3-36 谷皮菱形藻（*N. palea*）

（3）桥弯藻（*Cymbella*） 属于双壳缝目，桥弯藻科，壳面扁平，两侧不对称，呈半月形。壳缝偏向腹侧，呈直状或弧状弯曲。典型的淡水藻类，少数生活在半咸水。小桥弯藻和披针桥弯藻是该属的常见种类。

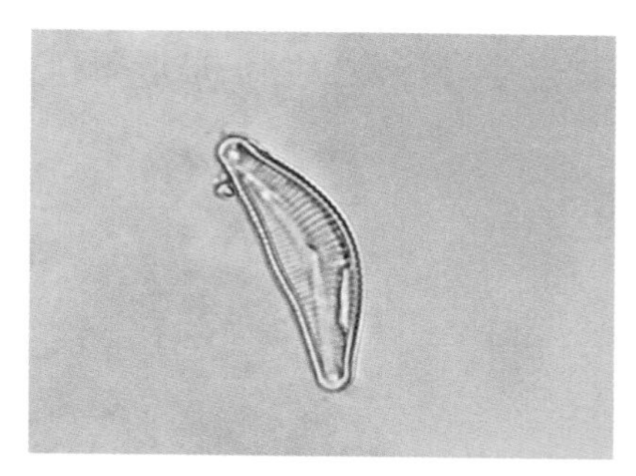

图3-37 小桥弯藻（*C. lavvis*）

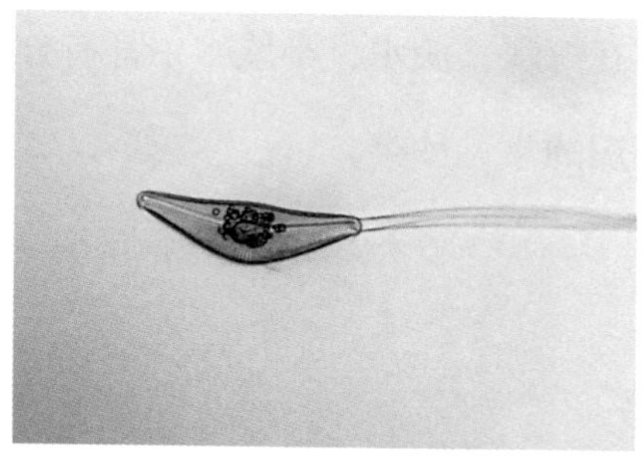

图3-38 披针桥弯藻（*C. lanceolata*）

（4）双眉藻（*Amphora*） 属于双壳缝目，桥弯藻科，壳面呈半月形凸起，带面两侧外凸。呈弧形凸起的较大面为背面，呈直线且部分弓形凸起的较小面为腹面，多数是海洋种类。卵圆双眉藻是该属的常见淡水种类。

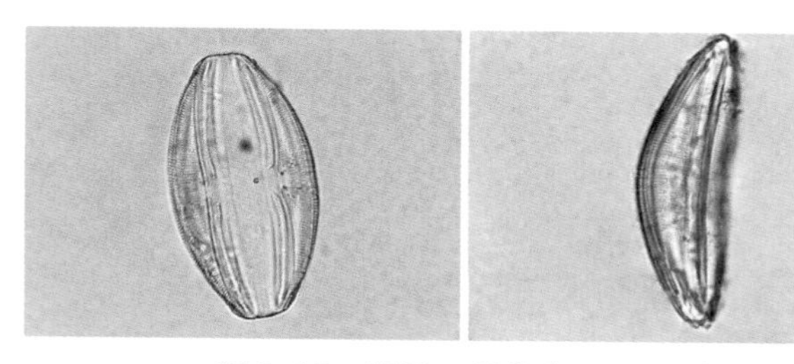

图3-39 卵圆双眉藻（*A. ovalis*）

（5）棒杆藻（*Rhopalodia*） 属于双壳缝目，窗纹藻科，壳面具有明显的龙骨突，管壳缝内壁没有通入细胞的小孔，是淡水藻类。弯棒杆藻是该属的常见种类。

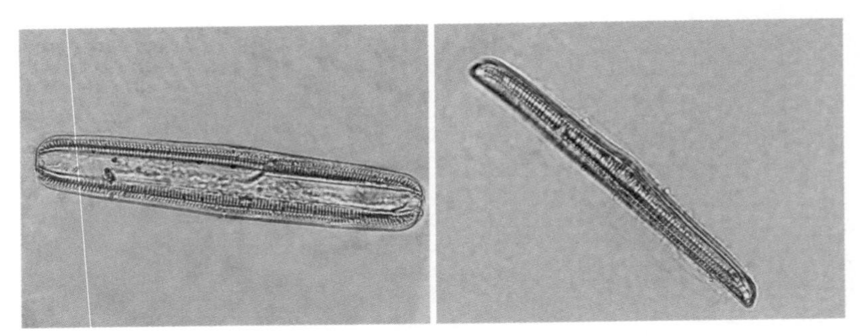

图3-40 弯棒杆藻（*R. gibba*）

（6）舟形藻（*Navicula*） 属于双壳缝目，舟形藻科，壳面呈披针形、椭圆形或线形，带面呈长方形。壳缝发达，具有中央节和极节。种类极多，是硅藻中最大的一属，在海水、淡水、半咸水中都有分布。短小舟形藻、喙头舟形藻和扁圆舟形藻都是该属的常见种类。

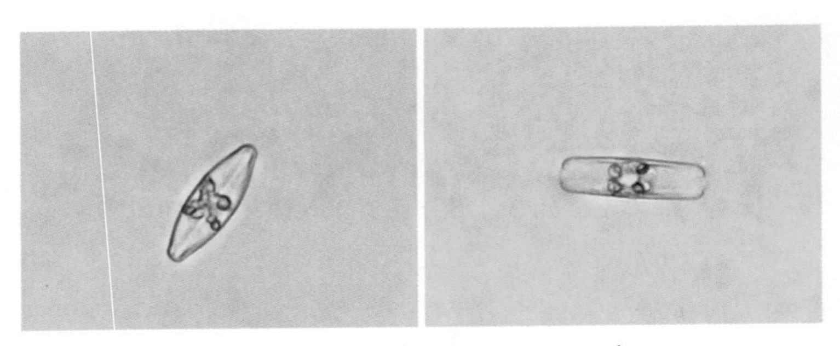

图3-41 短小舟形藻（*N. exigua*）

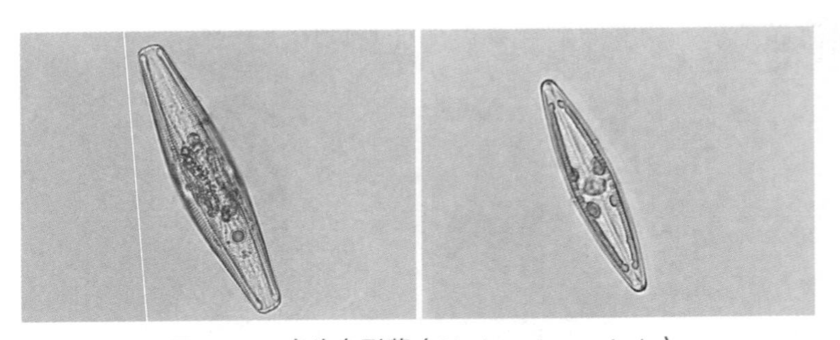

图3-42 喙头舟形藻（*N. rhynchocephala*）

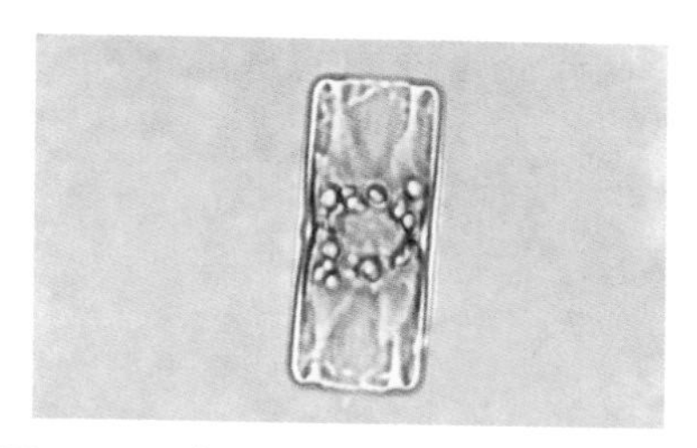

图3-43 扁圆舟形藻（*N. placentula*）

（7）布纹藻（*Gyrosigma*） 属于双壳缝目，舟形藻科，壳面呈S形，从中部向两端逐渐尖细，末端尖或圆钝，在海水、淡水、半咸水中都有分布。尖布纹藻是该属的常见淡水种类。

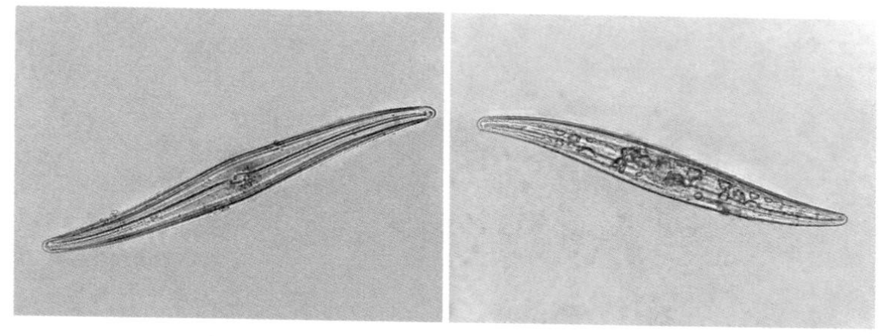

图3-44 尖布纹藻（*G. acuminatum*）

（8）肋缝藻（*Frustulia*） 属于双壳缝目，舟形藻科，壳面呈宽线形，中部略凸，两端钝圆，壳缝两侧各具一条肋条，中央节略延长，主要生活在淡水中。菱形肋缝藻是该属的常见种类。

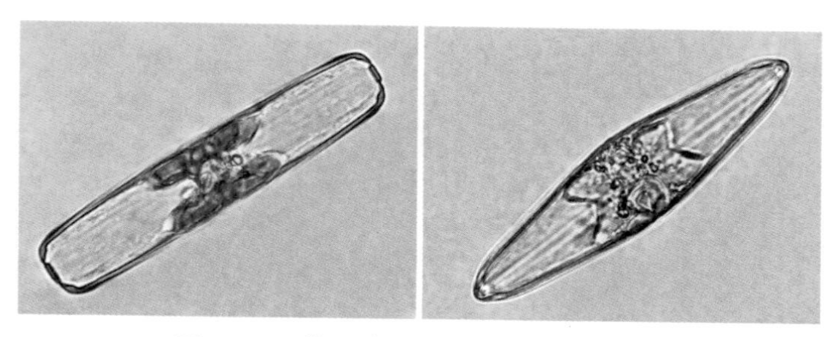

图3-45 菱形肋缝藻（*F. rhomboides*）

（9）脆杆藻（*Fragilaria*） 属于无壳缝目，脆杆藻科，壳面呈披针形或线形，中部至两端等宽或者渐尖，末端呈头状，具有假壳缝。有些种类营浮游生活，有些着生于沉水植物、丝状藻类、岩石等表面，分布广泛，在海水、淡水、半咸水中都有分布。肘状脆杆藻和双头脆杆藻是该属的常见种类。

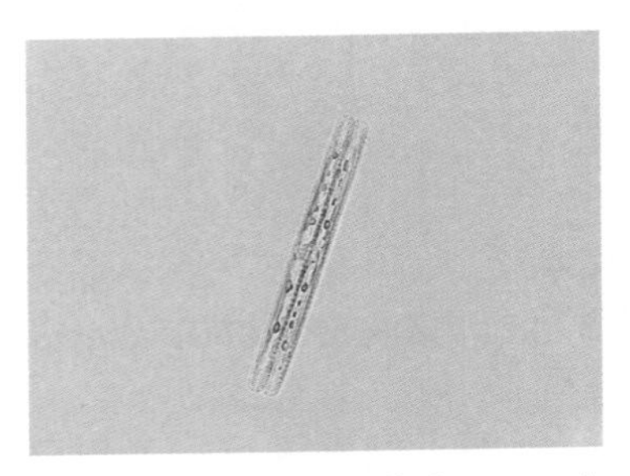

图3-46 肘状脆杆藻（*F. ulna*）

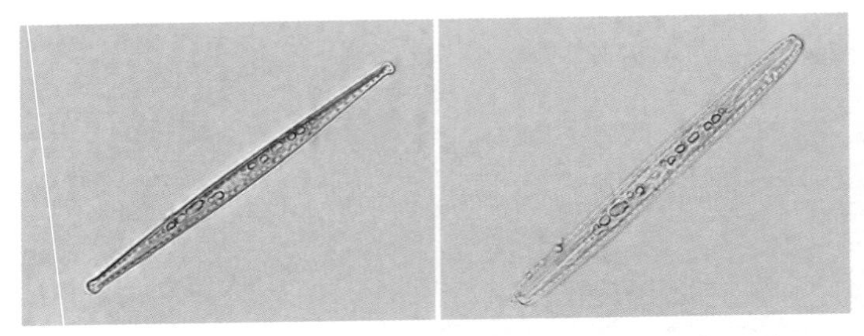

图3-47 双头脆杆藻（*F. amphicephala*）

（10）等片藻（*Diatoma*） 属于无壳缝目，平板藻科，壳面呈线性、棒形或椭圆形，带面呈长方形，假壳缝狭窄，壳面和带面均有横隔片和细线纹，主要生活于淡水、半咸水，海水中也有分布。普通等片藻是该属的常见淡水种类。

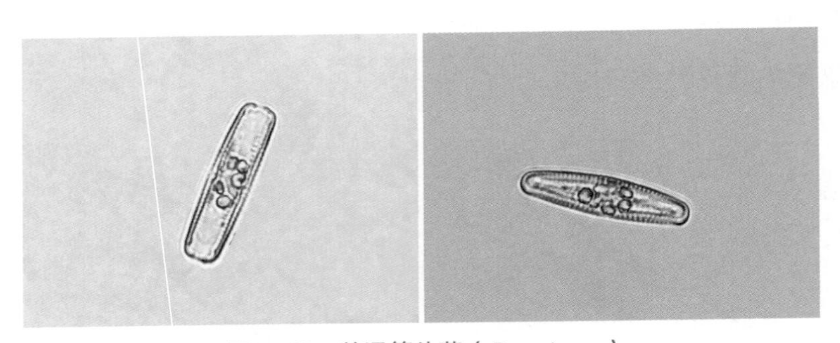

图3-48 普通等片藻（*D. vulgare*）

硅藻广泛分布于海洋、湖泊、池塘、水库、河流等几乎所有的淡水和咸水水体中，但海洋才是它们最重要的家园。硅藻是海洋浮游植物的主要构成部分，海洋初级生产力的主要贡献者，是海洋贝类生长繁殖的首要食物，也是鱼、虾幼体期的主要摄食对象。海洋浮游植物的生态学地位极其重要，它们贡献了地球上50%的光合作用，吸收大气中过量的二氧化碳，并支撑着海洋中复杂的食物网。

海洋经济动物的产量与硅藻的丰富度密切相关，但人们在享受海鲜的时候恐怕很少会感谢硅藻吧。即使是海水养殖业也离不开人工大量培养硅藻，以解决海产动物人工育苗幼体的食物问题。

硅藻在一年四季都能形成优势类群，尤其是在春、夏两季最为繁盛。在西藏湖泊的浮游植物调查中，也可以见到硅藻在各个月份均是优势类群。冬季，硅藻常常成为冰下为水体供给溶解氧的重要力量。

硅藻死亡后遗留下来的硅质外壳，大量沉积于海底形成硅藻土，在工业上具有极其广泛的用途，在牙膏、造纸、橡胶、化妆品、建筑材料、金属抛光等的制造中，都能见到硅藻土的身影。由于硅藻的外壳坚硬，可以像贝类和脊椎动物那样，在地层中被保存下来形成化石。化石硅藻对石油勘探和古海洋地理研究具有重要的参考价值。

海洋的富营养化，会导致硅藻在短时间内大量繁殖，形成赤潮现象。某些赤潮藻类会产生生物毒素，导致贝类、鱼类死亡，人类也会因为吃了含有这些毒素的海鲜而中毒。海洋硅藻还能产生休眠孢子应对环境的变化。当环境不利于生存时，硅藻细胞内的原生质体收缩到中央，细胞壁大大增厚，上壳与下壳会长出很多棘刺状突起。等到环境变得有利于生存时，休眠孢子会重新萌发，恢复原来的形态与大小。美丽的硅藻形态各异，展现了大自然的鬼斧神工，透出几何数学之美，是不是很奇妙？

图3-49　美丽的硅藻

3.4 绿藻，从水中登陆的拓荒者

绿藻是原生生物中较为高等的类群，其光合色素的成分与比例都与高等植物相似，包括叶绿素a、叶绿素b、胡萝卜素、叶黄素。其中叶绿素的含量占优势，使得藻体呈现绿色，故名绿藻。跟蓝藻、硅藻不同的是，绿藻进化出了叶绿素b，大大增强了光合作用的效率，光合作用的贮存产物是淀粉，这些特征让绿藻跟绿色植物的关系显得更近些。

绿藻中绝大多数种类都有细胞壁，细胞内部最显著的细胞器是色素体，还常常具有一个或多个蛋白核（pyrenoid）。色素体和蛋白核的形状、数目与排列方式成为绿藻分类的重要依据。

有些种类的绿藻具有运动能力，其细胞具有2条顶生的等长鞭毛，少数种类鞭毛数量为4条，极少数种类鞭毛为1条、6条或8条。绿藻就是依靠鞭毛的摆动实现了游泳运动。绿藻还有一个叫做眼点的特殊结构，在显微镜下呈橘红色。眼点可以感知光线，促使绿藻产生趋光行为。

绿藻的藻体存在方式多种多样，既有以单细胞状态生活的，也有多细胞组成的群体、丝状体、膜状体、管状体等。多细胞生命体的出现是地球生命进化史上的重要跃迁之一。假如我们穿越时空，回到25亿年前的元古代，会发现那时的地球一片死寂，似乎毫无生命迹象。在元古代长达10多亿年的那段时间里，地球上只有肉眼不可见的细菌和蓝藻。那是一个充满单细胞生命的简单世界，多细胞体尚未出现。

2008年，法国科学家阿普杜勒-拉扎克·阿尔巴尼教授领导的科研小组，在加蓬发现了目前已知最古老的多细胞生物体，距今已有21亿年之久。

这些多细胞化石生物呈扁盘状，直径约为12.7厘米，有扇贝状外缘和辐射状条纹，与美国西部和北部地区发现的卷曲藻（*Grypania*）几乎生活在同一年代，暗示了多细胞化在当时的地球上开始普遍发生。早期地球大气中氧浓度的提高，被认为与多细胞生物体的出现有关，因为恰好就在多细胞体出现之前的几百万年，光合作用导致了大气氧含量逐渐上升，达到了一个显著升高的水平。

图3-50　卷曲藻是已知最古老的多细胞生物体

1963年，基于解剖学、生物化学和营养方式，学术界将生物分门别类地划分为五界系统，后来又将原核生物界拆分，于是就有了六界系统，即古细菌界、真细菌界、原生生物界、真菌界、植物界和动物界。

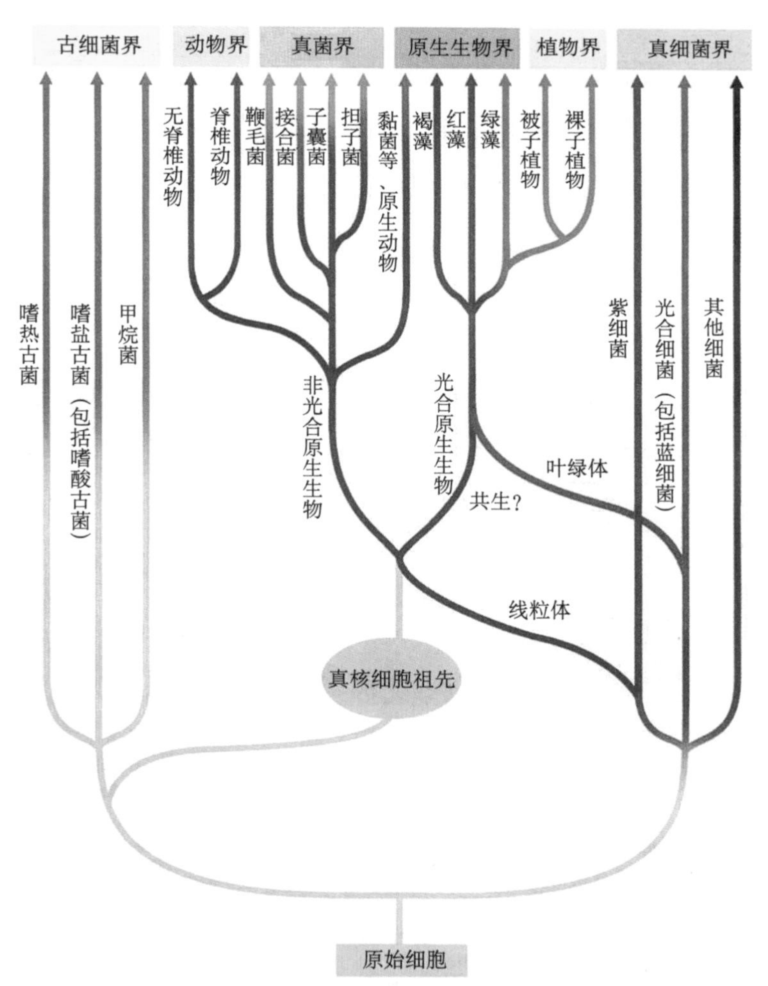

图3-51　生命的六界分类系统（奥德斯克 等，2016）

原生生物是最早出现且结构最简单的真核生物，包括藻类、原生动物和黏菌，它们既不是植物，也不是动物，更不是真菌。一般认为，植物可能起源于绿藻，动物和真菌可能起源于共同的原生动物。植物、真菌和动物与原生生物相对，不妨将其戏称为“后生生物”吧，尽管学术界没有这种说法。但是，与原生动物相对的称呼是后生动物，一般是指需要显微镜或放大镜才能看清楚的微小动物。目前，已知最小的后生动物是轮虫，一种体长在100～400微米的小型浮游动物，这一尺度正是人类裸眼的视光极限。以轮虫为代表的后生动物，将在下一章介绍。

藻类是原生生物中比较接近植物的类群，包括很多独立的门类，其分类问题一直存在巨大的争议，种类鉴定的难度也超大。需要强调的是，藻类中的大部分种类依然是单细胞体。大型海藻进化出了类似于植物的叶片和假根，其体长可以高达几十甚至上百米，在近海海底随波漂荡，形成了蔚为壮观的“海藻森林”。海藻通过光合作用将吸收的二氧化碳和氮、磷元素转化为多糖的同时，也为各种海洋动物提供了栖息的场所，对于维护海洋生态系统的稳定性发挥了重要作用。

图3-52 “海藻森林”里蕴藏着丰富的生物多样性

藻类可能是最早演化出多细胞体的类群。单细胞原生生物首先聚集为群体原生生物，然后再经由细胞分化演变为多细胞生物。有一个十分经典的例子：现存绿藻中的团藻（*Volvox*）就是由500～60 000个单细胞排列成的单层中空球体，小细胞有鞭毛负责运动，大细胞无鞭毛负责分裂，细胞分裂产生的子代群体悬浮在母球内部，当母球破裂后就被释放出来，作为“新个体”独立生活。

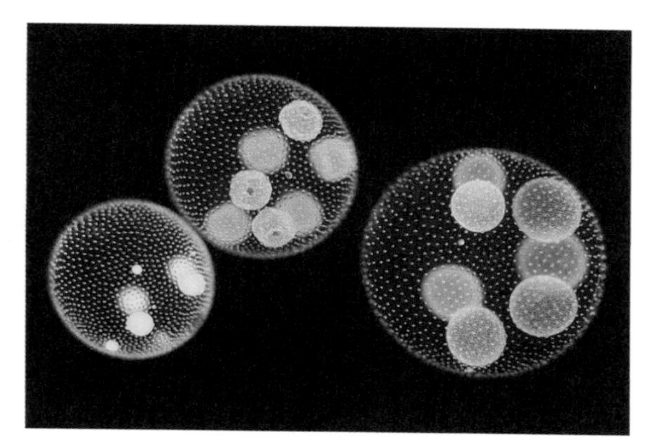

图3-53　每个球体是由5万个细胞组成的团藻（Jack Challoner摄）

多细胞动物可能是遵循同样的原则进化而来的。研究发现，单细胞的阿米巴原虫可以上百万只聚集在一起，彼此协同工作，好像一只“动物”整体。受到这项研究的启发，美国明尼苏达大学进化生物学家威廉·拉特克利夫和迈克尔·特拉维萨诺，对单细胞酵母进行了人工定向筛选，强迫酵母从单细胞向多细胞进化，仅仅60天就筛选出了雪花状的多细胞簇（称为雪花酵母）。这些雪花酵母出现了细胞分化现象，甚至进化出了类似免疫系统的防卫机制，防止“异己”的单细

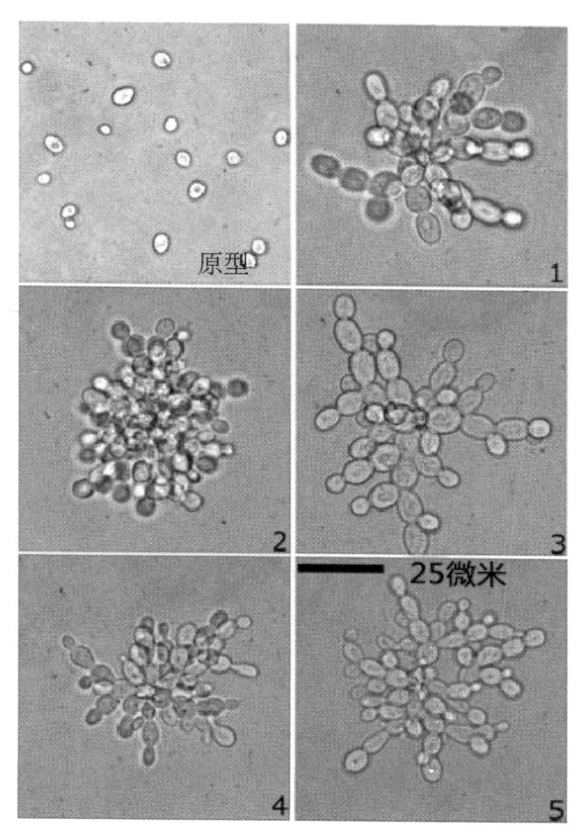

图3-54　多细胞“雪花酵母”的表型快速聚合进化过程（Ratdiff et al,2012）

胞酵母混入。在衣藻的定向筛选试验中，无论是在人工筛选还是利用捕食者草履虫模拟的自然筛选中，也都观察到了跟酵母同样的结果。

1. 个体筛选

单细胞酵母生长时，大的细胞个体沉淀得更快。离心保留大细胞酵母继续繁殖，筛选出更大的细胞。

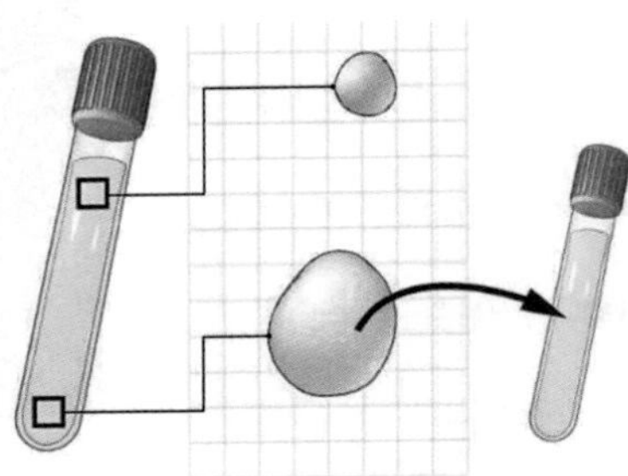

2. 多细胞化

单个细胞突变导致子代细胞粘连在一起，形成分枝状的雪花形态。

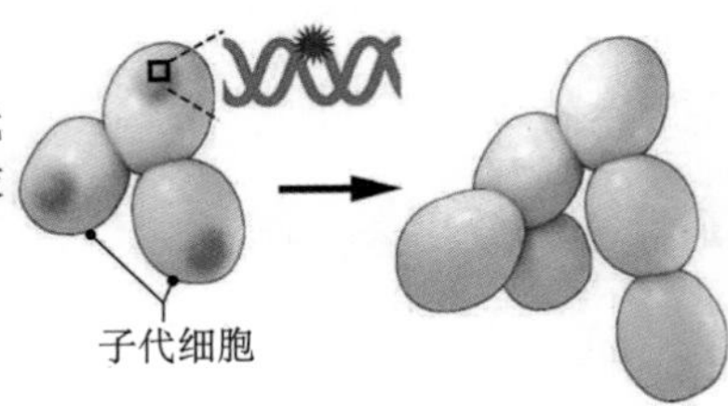

3. 细胞分化

有些特化细胞更快地死亡，释放雪花状群体边缘的其他细胞开始形成新的雪花形态。

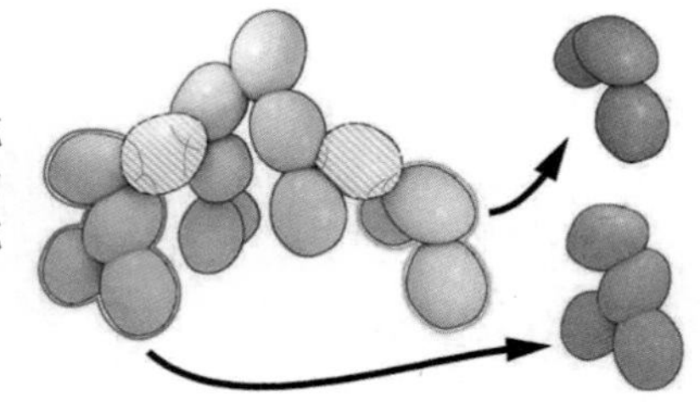

4. 多样化

每个释放的尖端细胞不断增殖，形成各种各样的多细胞雪花状形态。

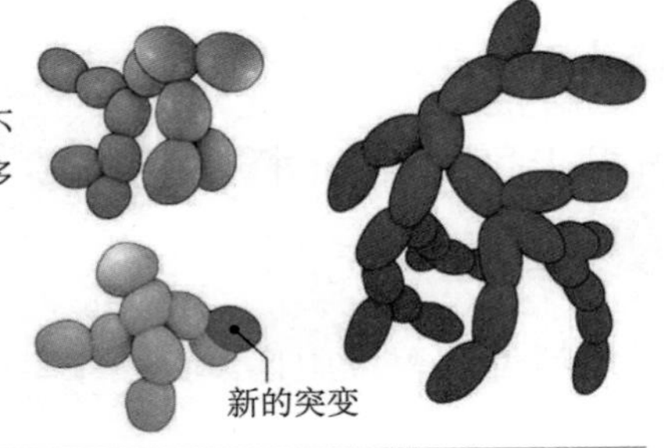

5. 群体筛选

有些细胞比其他细胞更好地聚集而被保留下来，其他细胞被淘汰。

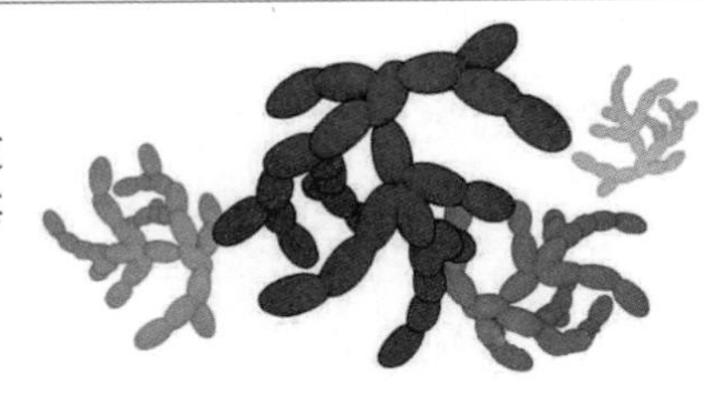

图3-55　雪花酵母的人工筛选过程（Pennisi,2018）

雪花酵母的筛选过程并不复杂，仅仅是通过离心的方式逐步剔除单细胞或少数细胞簇，保留细胞数目较多的群块。在这个过程中，人工选择扮演“上帝之手”的角色，按照适者生存的原则，促使酵母向多细胞体形式快速进化。

绿藻可以通过细胞分裂的方式进行生殖，还可以产生游动孢子（zoospore）、静孢子（aplanospore）、似亲孢子（autospore）和厚壁孢子（akinete）等孢子形式进行无性生殖。更重要的是，绿藻可以产生配子（gamete），有了真正意义上的有性生殖，有同配、异配和卵配生殖，接合藻纲还有接合生殖方式。绿藻的生活史也分为无世代交替和有世代交替两种。所谓世代交替，是指生命周期中单倍体世代与二倍体世代相互转换的现象。让我们以衣藻为例，简要说明一下。

衣藻（*Chlamydmonas*）是团藻目、衣藻科藻类，具有单细胞绿藻典型的形态结构特征。通常，衣藻进行无性生殖。生殖时，藻体静止不动，鞭毛收缩或脱落，藻体变成游动孢子囊。原生质体分裂为2个、4个、8个、16个，各形成具有细胞壁和2条鞭毛的游动孢子。孢子囊破裂后，游动孢子逸出并发育成新个体。在整个生殖过程中，从游动孢子到成体，始终保持单倍体状态，细胞分裂采用有丝分裂方式。

衣藻的有性生殖多数为同配生殖。原生质体分裂成8～64个单倍体配子。配子在形态上和游动孢子相似，只是体形较小。配子从母细胞中放出后，游动不久即成对结合，成为具4条鞭毛的二倍体合子，合子游动数小时后变圆，分泌形成厚的细胞壁。合子经过休眠，在环境适宜时萌发。萌发时经过减数分裂，产生4个动孢子。当合子壁破裂后，动孢子游散出来各形成一个新的衣藻个体。

衣藻是同配有世代交替生殖类型的典型代表。所谓同配是指两个相融合的异性配子具有相似或相同的形状、大小、结构和运动能力等特征。尽管如此，两个配子在大多数情况下来自不同的亲体，采用的是“异宗”交配。绿藻中的盘藻（*Gonium*）、石莼（*Ulva*）、刚毛藻（*Cladophora*）等是同配生殖。异配是指两个相融合的异性配子在形态、结构上相同，但大小和运动能力方面不同。大而运动能力迟缓的为雌配子，小而运动能力强的为雄配子。绿藻中的实球藻（*Pandorina*）、松藻（*Codium*）等是异配生殖。卵配是指两个相融合的配子在形状、大小、结构和运动能力等方面都不相同。大而无鞭毛不能运动的为卵，小而有鞭毛能运动的为精子。卵和精子由同一个亲体产生（雌雄同株）或由不同的亲体产生（雌雄异株）。绿藻中的团藻（*Volvox*）、轮藻（*Chara*）等是卵配生殖。

通常，不同亲体来源的配子具有不同的遗传背景，相互融合形成的合子具有“杂交”优势。换言之，无论同配、异配还是卵配，不同亲体的配子杂交会产生更多的变异性，更有利于种群适应多变的环境生存下去。绿藻的有性生殖方式，为我们了解有性生殖如何从简单到复杂的演变过程提供了参考，也有助于理清植物从水生到陆生的进化历程。

根据化石记录推测，绿藻从水中向陆地进军，首先进化成了裸蕨类植物。这类植物出现于距今约4亿年前的志留纪晚期地层中，是地球上最早的高等植物代表，目前已经灭绝。裸蕨植物一般体型矮小，结构简单，高的不到2米，矮的仅几十厘米。裸蕨没有真正的根、

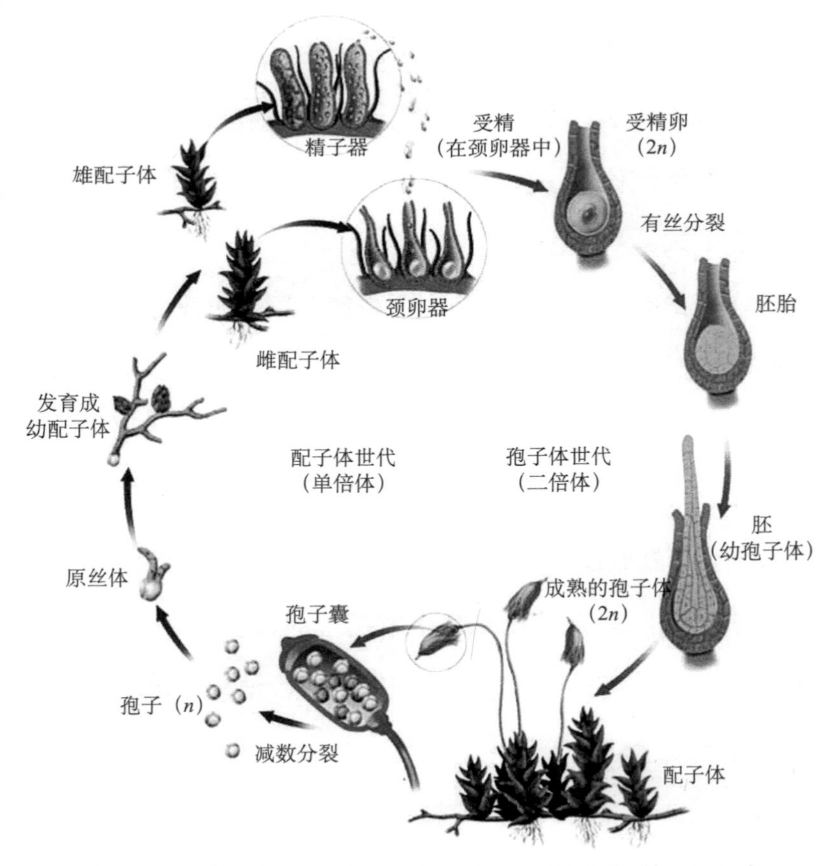

图3-56　裸蕨植物的世代交替生殖方式（奥德斯克 等，2016）

茎、叶的分化，但是却出现了维管组织，在茎轴基部和拟根茎下面还长出了假根，这些结构可以更好地输送水分与营养，并且加强植物体在陆地上的支撑固定能力。

根据藻体形态和生殖方式，一般将绿藻门分为绿藻纲（Chlorophyceae）和接合藻纲（Conjugatophyceae）。绿藻纲包括7个目：团藻目（Volvocales）、四胞藻目（Tetrasporales）、绿球藻目（Chlorococcales）、刚毛藻目（Cladophorales）、鞘藻目（Oedogoniales）、丝藻目（Ulotrichales）、管藻目（Siphonales），囊括了绿藻中的绝大多数种类。接合藻纲包括3个目：鼓藻目（Desmidiales）、双星藻目（Zygnematales）、中带藻目（Mesotaemiales）。

以下是在西藏湖泊中采集到的几种常见绿藻。

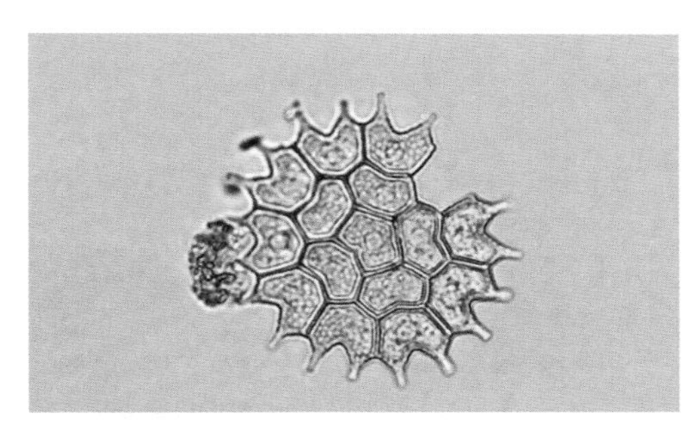

图3-57　短棘盘星藻（*Pediastrum boryanum*）

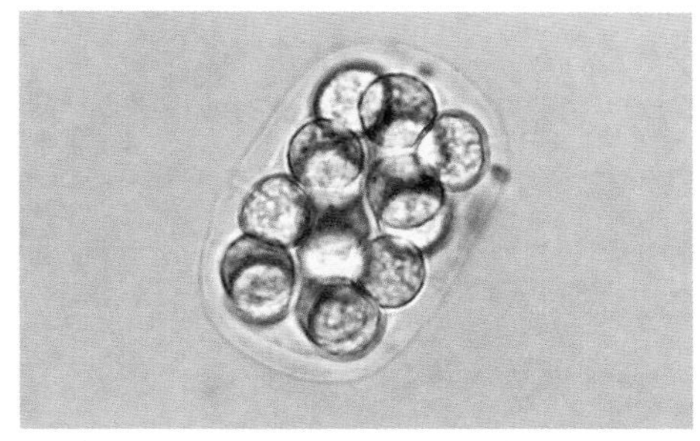

图3-58　实球藻（*Pandorina morum*）

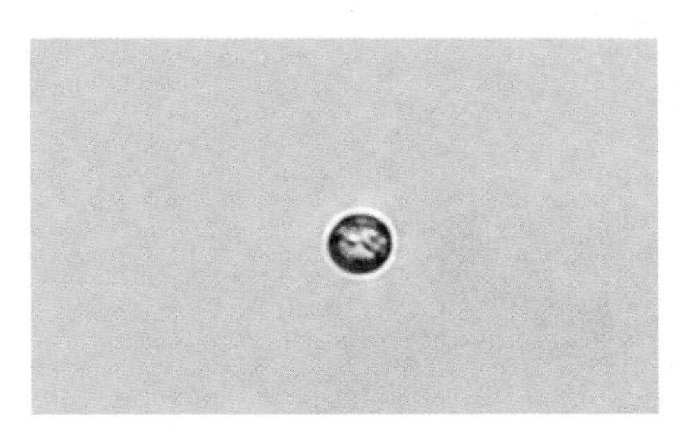

图3-59　普通小球藻（*Chlorella vulgaris*）

绿藻是藻类中最庞大的类群，种类繁多，分布广泛。绿藻中约有90%生活在淡水中，其余的少数种类生活在海水中。跟蓝藻、硅藻一样，绿藻也是浮游植物中最常见的藻类之一。除了生活在江河、湖泊、水库、池塘等水体中，淡水绿藻还常常出现在阳光充足的潮湿环境中，比如土壤、墙壁、树干甚至树叶等表面。淡水绿藻与真菌共生形成了地衣，而海洋绿藻也能跟珊瑚、海绵等动物形成共生关系。

淡水绿藻是淡水水体藻类组成的重要成员，特别是绿球藻目的种类，是滤食性浮游动物和鱼类的主要食物，并且在吸收氮、磷净化水质方面起到了积极作用。在这样的水体环境下，水生动物无论是幼体还是成体，都更容易保持健康状态。

海洋绿藻大部分分布在潮间带，石莼、浒苔、礁膜等相对大型的绿藻，都是典型的海洋绿藻，具有较高的经济价值。而俗称为“青苔”的丝状绿藻，特别是水棉、水网藻、刚毛藻等，被人类评价为“有害”藻类，它们一旦在养殖池塘中大量

图3-60　大连星海公园潮间带的海洋绿藻

滋生，不仅会跟其他藻类争夺营养与生存空间，而且还会天罗地网般裹缠住养殖的动物，造成经济损失。

实际上，自然界中任何生物的存在都有其合理性，关键是生物量是否保持在合理的范围内。浒苔是一种经济绿藻，但其暴发式生长就形成了绿潮现象，从原有的固着状态变成了漂浮状态，随着海流蔓延到广阔的地区成为生态灾难。绿潮是赤潮的一种特殊类型，近些年在国内外越来越频繁地出现。我国山东青岛沿海经常暴发浒苔绿潮，辽宁大连近些年也出现了浒苔绿潮，引发了社会的普遍关注。

七律·黄鸭

雪域山边湖岸旁，

沼泽草垫缀花黄。

前领后卫亲护幼，

宛如人间代情彰。

车往淡定见人去，

秉性安闲栖羌塘。

如若来世轮回入，

化身黄鸭秀风光。

CHAPTER 4 浮游动物——活泼灵动二传手

4.1 动物，难道是会动的生物吗

“动物（animal）”这个词，顾名思义的解释，似乎是会动的生物，但这个看似简明扼要的定义，却并不准确。植物也会动，不仅向日葵的花盘会随着太阳转动，其他植物如羽纹纲硅藻也有微弱缓慢的运动，只不过需要显微观察或延时摄影才能被观察到。还有些植物如含羞草、捕蝇草，动起来的速度还挺快。而有些动物如珊瑚虫，一开始被认为是植物，因为它们看上去并不会动。所以，是否会动不是判定动物的标准。那么，我们要如何判定动物呢？

实际上，动物这个群体是由一系列特征定义的。动物都是多细胞真核生物，没有细胞壁，通过吃其他生物获取能量，通常进行有性生殖，在生命的某些阶段是可以移动的，大多数种类对外界刺激会做出迅速的反应。

在5亿多年以前的古生代寒武纪，出现了生命进化史上著名的寒武纪生物大爆发事件。当时，地球上的物种多样性突然变得极为丰富。现有的大多数动物门类在那个时候都已经有了。由于寒武纪之前的化石极为匮乏，寒武纪大爆发成了一个历史之谜，至今也没搞清楚原因，也因此无法从化石证据上找到更多关于动物早期进化的线索。

幸运的是，生物学家借助比较解剖学、胚胎发育学和分子系统发生学手段，发现了动物进化树分支上的关键节点特征。在这些特征中，任何一个都不是动物所特有的，但它们共同合在一起将动物和其他生物类群成员区分开来。对这些特征加以研究，可以让我们对动物的进化过程一探究竟。

（1）组织特征　组织是相似或相同功能的细胞整合在一起形成的功能单位。动物早期进化的一个巨大飞跃就是出现了组织。如今，除了海绵动物之外，所有的动物都有组织。对于海绵来说，尽管出现了分化细胞，行使不同的功能，但这些聚集在一起的细胞却是独立的，并没有形成真正的组织。将海绵动物的身体磨碎分散成单个细胞或者细胞团块，每个部分都可以独自存活并发挥功能。海绵动物非组织化的多细胞形态，说明它和其他动物在进化上分道扬镳的时间非常早。

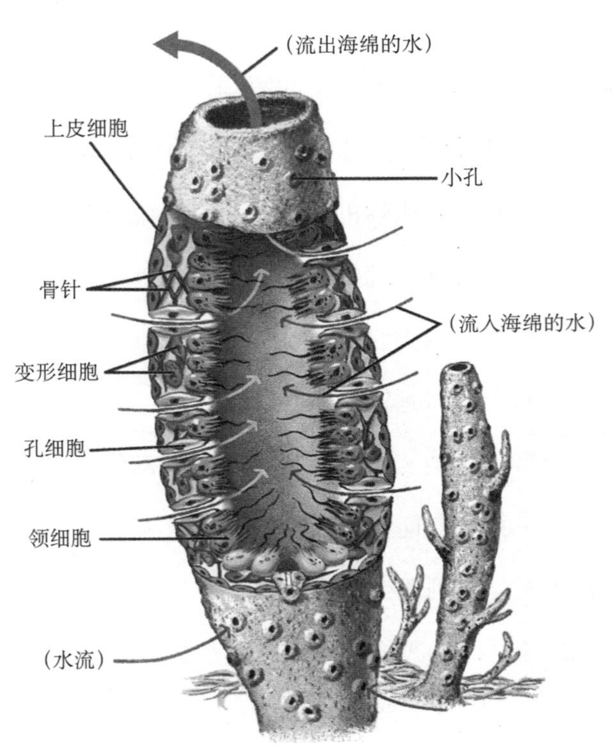

图4-1　海绵动物身体构造（奥德斯克 等，2016）

（2）对称类型　所有有组织的动物的身体都是对称的，这说明组织化与对称性是同步形成的进化过程。动物身体的对称类型，可以分为辐射对称和两侧对称两种。前者是指通过沿着中心轴任意一个切面都能将身体分为大致相同的两半，后者是指通过中心轴的一个特定切面才能把身体大致分为镜像对称的两部分。只有刺胞动物门（水母、珊瑚虫、海葵）和栉水母动物门（栉水母）是辐射对称的身体结构，其他动物都是两侧对称类型。

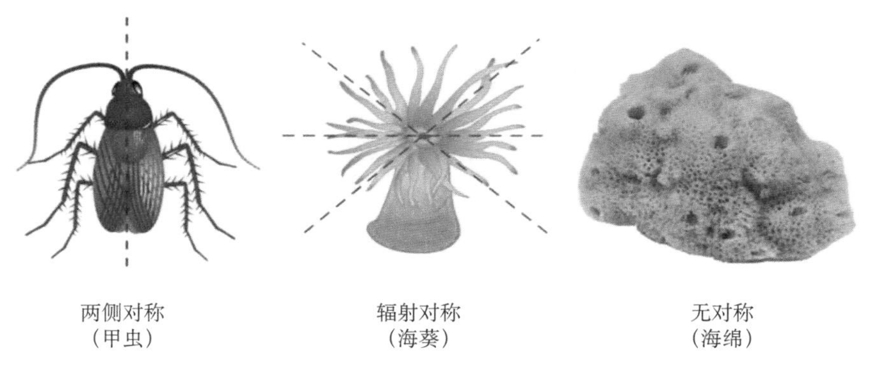

图4-2　辐射对称与两侧对称

从胚胎发育的胚层数目来看，辐射对称动物的胚胎有两个胚层，内胚层形成包裹腔肠的组织，外胚层形成覆盖身体外部的组织；左右对称动物的胚胎有三个胚层，内胚层产生那些包裹大多数有空腔器官的组织、呼吸道以及消化道，外胚层形成神经组织和位于身体外表面的组织，而中胚层位于内胚层与外胚层之间，形成肌肉、循环和骨骼系统。

辐射对称动物倾向于保持固定不动或者随波逐流的生活，海葵和水母分别是这两类生活方式的典型代表。这类动物往往缺乏一个所谓的“头部”，不会将自己推向一个特定的方向，其身体各个部位遇到食物的机会是相等的。与辐射对称动物不同，左右对称动物进化出了头部，它们都有明显的运动倾向，目的是让食物更容易被距离运动方向近的头部获取。头部的形成使左右对称的动物产生了前端，与之相对的那端则成为后端或尾端，有些动物还在尾端长出了尾巴。头部是感觉细胞、神经细胞和呼吸消化器官的集中地，从而使得左右对称动物显得更加“高端、智能、上档次”。

（3）体腔有无　辐射对称动物没有体腔，而大多数左右对称的动物都有体腔。体腔是位于消化道和体壁之间的空腔，内部充满了体腔液。体腔有很多功能。对于环节动物（如蚯蚓）来说，体腔起到了骨骼的作用，用于支撑身体，也是肌肉组织附着依托行使功能的框架。对于其他动物而言，体内的器官悬浮在充满液体的体腔中，起到了缓冲外界冲击力的作用（可以想象一下，拳击选手腹部受到重击后内脏的震荡）。

在动物类群中，使用最广泛的体腔是体腔囊，完全由中胚层发育而成，有体腔囊的动物称为真体腔动物。环节动物（如蚯蚓）、节肢动物（如昆虫、蜘蛛、甲壳类）、软体动物（如蜗牛、贝类）、棘皮动物（如海星、海参、海胆）和脊索动物（如鱼类、鸟类、两栖类、爬行类、哺乳类）等都是真体腔动物。不完全由中胚层发育而成的体腔叫作假体腔，有假体腔的动物称为假体腔动物。线形动物门的线虫就是最大的假体腔动物类群。左右对称却没有体腔的动物称为无体腔动物，例如：扁形动物门的扁形虫，其消化道和体壁之间就没有体腔，该部位由固态组织填充。

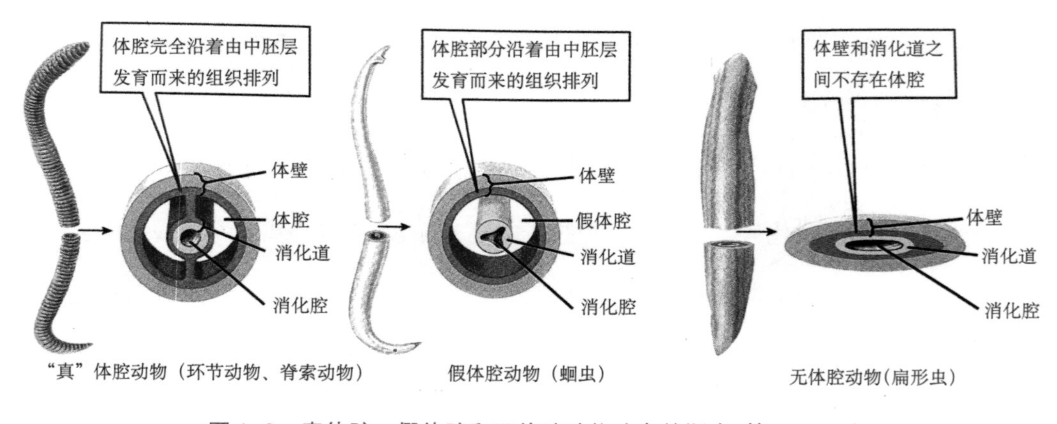

图4-3　真体腔、假体腔和无体腔动物（奥德斯克 等，2016）

（4）发育方式　左右对称动物的胚胎发育方式可以归结为原口和后口两大类，两种发育方式在受精后的细胞分裂模式、口和肛门的形成方式上都有所不同。原口和后口中的“口”，并非是指“嘴”，而是指动物身体上负责新陈代谢让物质进出的“开口”。在动物的进化历史上，嘴和肛门曾共享一个开口，后来才分立门庭。原口动物将原来的开口作为嘴，后来的开口作为肛门；后口动物却将原来的开口作为肛门，后来的开口作为嘴。从这层角度来看，人类作为后口动物，人的嘴实际上是后来才“设计”出来的，按照先来后到的规矩，理应是肛门才对。或许，后口动物普遍认为“民以食为天”，食物就应该从一个完全没受过污染的新开口进入身体才卫生吧。原口动物和后口动物是两侧对称动物在进化上的两个不同分枝，节肢动物、线形动物、扁形动物、环节动物和软体动物都是原口动物，而棘皮动物和脊索动物是后口动物。

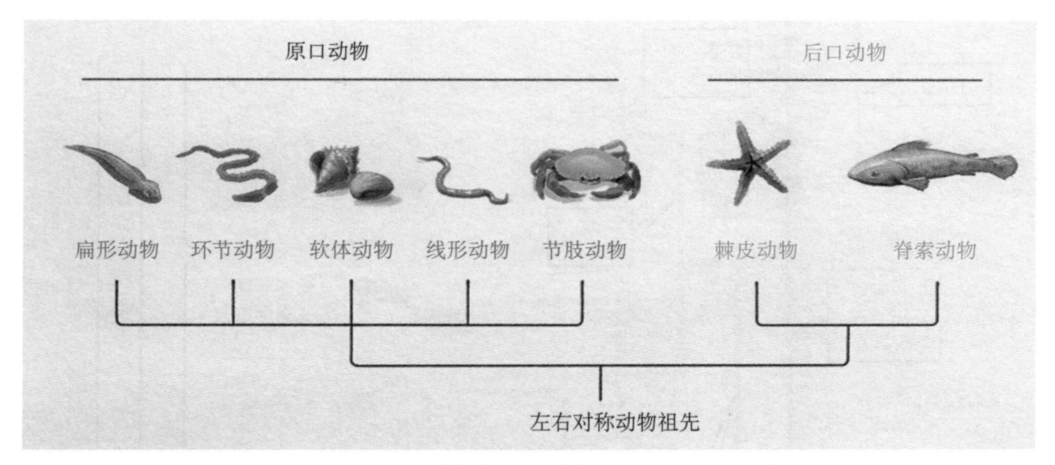

图4-4　原口动物与后口动物（LeDoux,2020）

（5）生长过程　按照生长过程的不同，原口动物又形成了两个不同的进化谱系，一个叫做蜕皮动物，一个叫做冠轮动物。前者包括节肢动物和线形动物，它们在生长过程中身体表皮会周期性脱落；后者包括扁形动物、环节动物和软体动物，它们或是具有特殊的摄食器官触手冠，或是会经历一个叫做“担轮幼虫”的特殊发育阶段。

图4-5　触手冠和担轮幼虫（奥德斯克 等，2016）

将常见的各大动物类群按照上述进化特征归纳分类如图6所示。

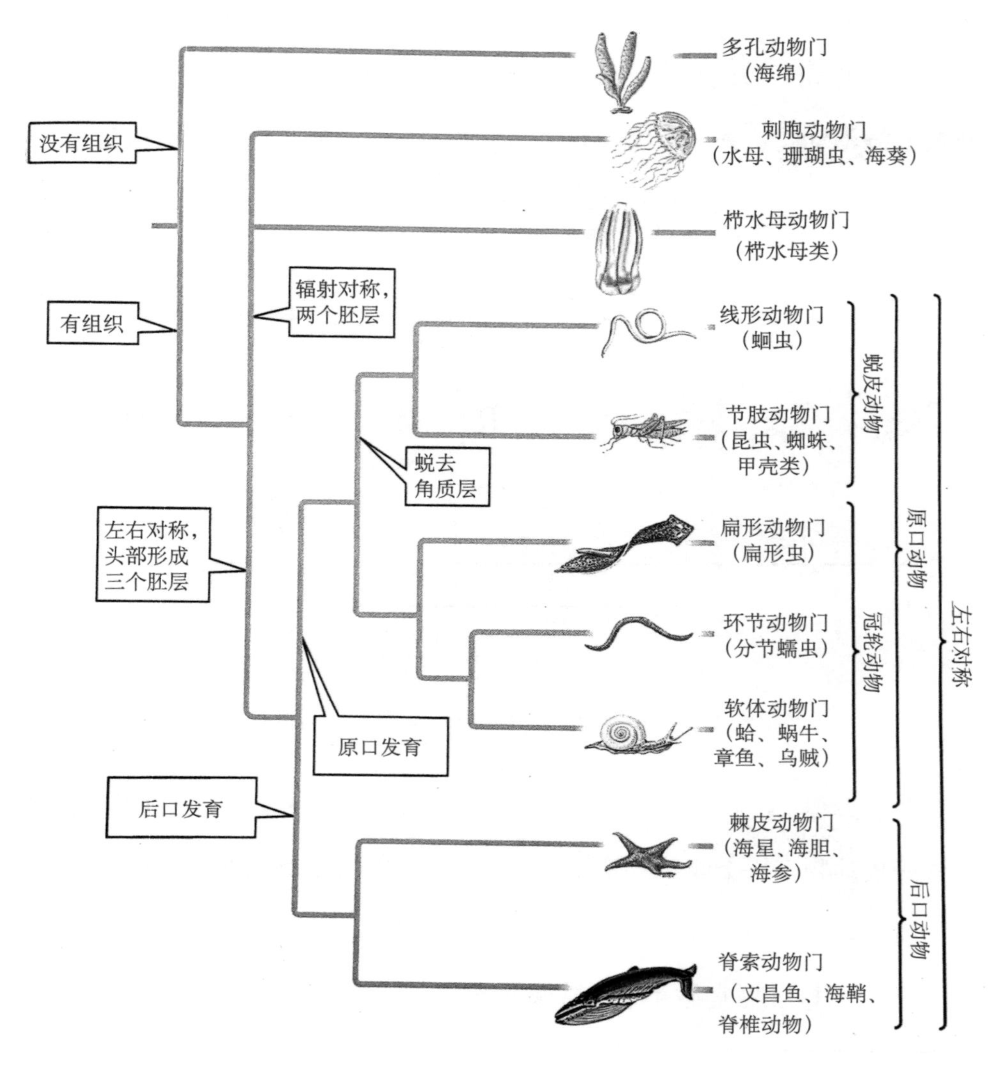

图4-6 动物进化谱系分类（奥德斯克 等，2016）

尽管我们对动物有了基本的认识，但是神奇的大自然中总是充满了惊喜。绿叶海蜗牛（*Elysia chlorotica*）是一种独特的水生动物，主要分布在美国沿海地区和加拿大。然而，作为动物的绿叶海蜗牛就像一片绿叶，可以进行光合作用，而且长期不照射阳光还会死亡，从而打破了植物和动物之间的界限。那么，它是如何做到的呢？

经过研究发现，绿叶海蜗牛以绿藻为食，或许是偶然的因素所致，它将部分藻类细胞及其叶绿体融合到自己的身体中，从而让它可以像海藻一样进行光合作用。在有阳光照射的地方，绿叶海蜗牛可以持续9个月不进食。生物学家在对绿叶海蜗牛进行基因测序时发现，绿叶海蜗牛不单单“窃取”了藻类的叶绿体和细胞，甚至还“窃取”了藻类的多个光合作用基因。这种基因的水平转移现象多见于细菌、病毒等微生物之间，在动物和植物之间却非常罕见。更关键的是，这些光合基因可以稳定遗传给后代形成优势种群，说明绿叶海蜗牛确实发生了进化。光合作用对于动物来说是一种它们梦寐以求的能力。假如晒晒太阳就能获得生物能，那么就比进食要安全、稳定、高效和简单多了。

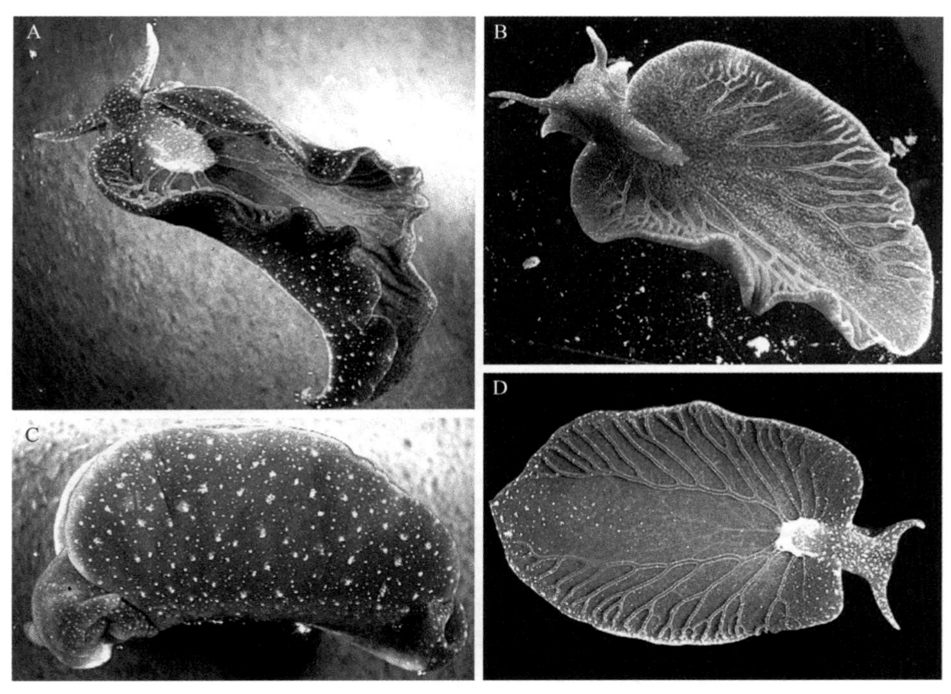

图4-7 美国马萨诸塞州的绿叶海蜗牛（Krug et al,2016）
A、B. 伪足卷曲时的背面观 C. 侧面观 D. 伪足舒展时的背面观

在谈及动物这个概念时，人们曾经将一种叫作原生动物（protozoa）的单细胞生物划入动物界，认为它们是最原始、最简单、最低等的动物。但是从各方面特征来看，原生动物不是动物，而是原生生物的一个类别。

浮游动物（zooplankton）包括原生动物、轮虫、枝角类、桡足类以及其他动物的浮游幼体等，是一个生态学概念。一切以浮游状态生活的具有动物或似动物特征的生物，都被划入浮游动物之列。这一点跟浮游植物的划分思路是相同的。

浮游动物的种类和数量都十分庞大，个体大小从几微米到几厘米不等。在水生态系统中，浮游动物主要以浮游植物为食，将植物光合作用形成的产物消化吸收，满足自身生长发育的需要，被称为次级消费者。同时，其他水生动物，如鱼、虾、蟹、贝甚至某些水生哺乳动物如鲸鱼等，又以浮游动物为食，获得丰富的蛋白和脂类等营养物质。可见，浮游动物是名副其实的“二传手”，将物质和能量从生产者浮游植物传递给更高级的消费者，构成了生态食物链中的重要一环。

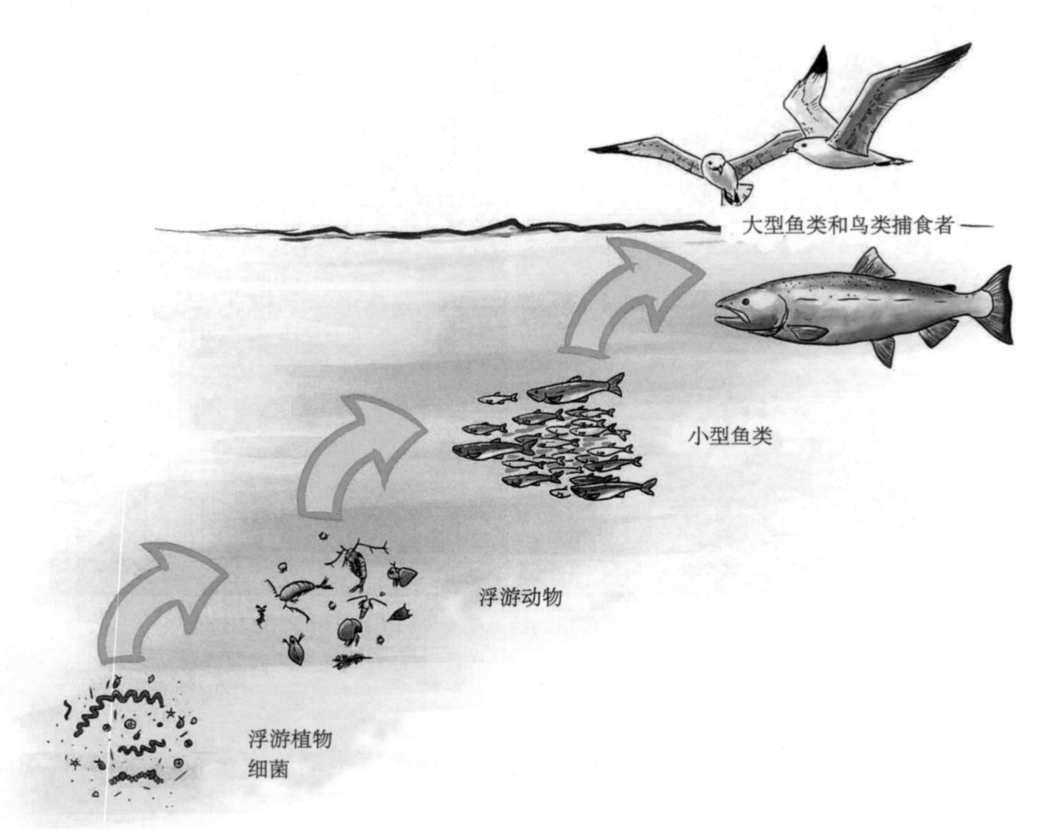

图4-8　浮游动物在水生态系统中的地位

4.2 原生动物，你能看见它们吗

原生生物（prostist）是指不属于植物、动物和真菌的一类真核生物。按照营养方式，将原生生物分为原生藻类、原生动物和原生菌类三大部分，但这无法准确反映其中的种系发生情况。按照遗传谱系，对原生生物分类系统重新进行梳理，可以更好地反映进化史，主要类别可以分为古虫类、眼虫类、色混类（不等鞭毛类）、囊泡虫类、有孔虫类、变形虫类、红藻、绿藻。不难看出，原生生物是涵盖面十分广泛的复杂分类单位，大多数是单细胞生物，少数是缺乏复杂组织的多细胞生物。

传统分类上，一般将原生动物分为5个纲，即鞭毛纲、肉足虫纲、纤毛纲、孢子纲、吸管虫纲。其中，鞭毛纲主要归属在藻类，孢子纲全部是寄生种类，而其他3个纲才是水生态学意义上浮游动物中的原生动物成员。现行的分类中，原生动物隶属原生生物界，肉足虫纲上升到肉足亚门，而纤毛纲上升为纤毛门。我们通过种类最丰富的肉足亚门（Sarcodina）和纤毛门（Ciliata）的几个典型种类，来了解一下这些肉眼难得一见的小生灵吧。在西藏的湖泊中，同样可以看到它们中某些成员那隐秘而伟大的身影。

（1）变形虫（*Amoeba*） 属于肉足亚门，根足总纲（Rhizopoda），叶足纲（Lobosea），变形目（Amoebina），变形科（Amoebidae），以伪足运动，体无定形，身体裸露无外壳，种类多样，生活在淡水、海水和半咸水中，多数主要生活于污浊的水中，在腐烂的植物茎叶、丝状藻类和浅水沿岸的岩石上营底栖生活，仅少数种类浮游生活在清洁的水域。在西藏湖泊中，也有大变形虫出现（蒋燮治等，1983）。

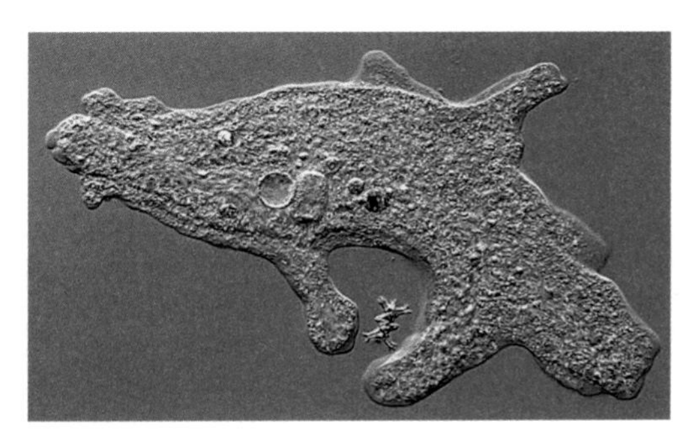
图4-9 大变形虫（*Amoeba proteus* Leidy,1878）

（2）表壳虫（*Arcella*） 属于肉足亚门表壳目（Arcellinidae），表壳科（Arcellidae）。细胞外有一层几丁质外壳，由细胞分泌的薄膜硬化而成，身体背面呈圆形，腹面平整或内凹，好似手表的表壳，故此得名。腹面中央有一个圆形壳孔，伪足从中伸出，可以运动。

表壳虫分布于沼泽、池塘、浅水湖及河道等淡水环境中，喜欢生活在静水的污水水体中。在西藏湖泊中，表壳虫比较常见，例如：普通表壳虫和弯凸表壳虫。

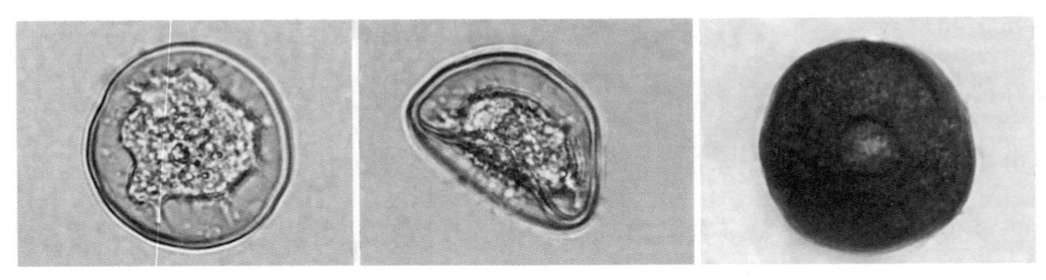

图4–10　普通表壳虫（*A. vulgaris* Ehrenberg,1832）

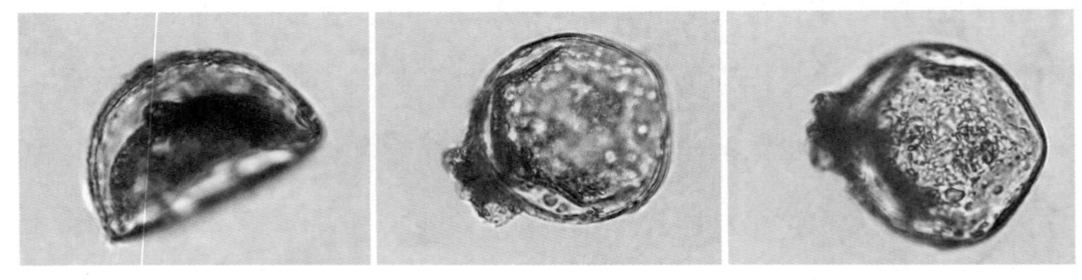

图4–11　弯凸表壳虫（*A. arenaria* Penard,1890）

（3）有孔虫（Foraminifera）是肉足虫纲中的重要一目，是个体较大的原生动物，现存种大小在0.5～10毫米，化石种较大个体可达120毫米。外壳的主要成分是碳酸钙，多数生活在海洋中，极少数生活在河口等半咸水环境中，个别种属生活在淡水中。在西藏湖泊中，没有发现有孔虫。有孔虫死后将外壳遗留在海底形成石灰软泥，英国著名的多佛白崖就是有孔虫的杰作。有孔虫化石数量丰富，对于了解地球古环境和地质演化历程大有帮助。中国科学院海洋研究所的郑守仪院士一辈子专注于研

图4–12　形态各异的有孔虫

究有孔虫，晚年还在自己的故乡广东省中山市三乡镇的小琅环建立了一所有孔虫雕塑园。

图4-13　英国多佛白崖是由有孔虫球石藻（coccolithophore）外壳沉积形成的白垩土

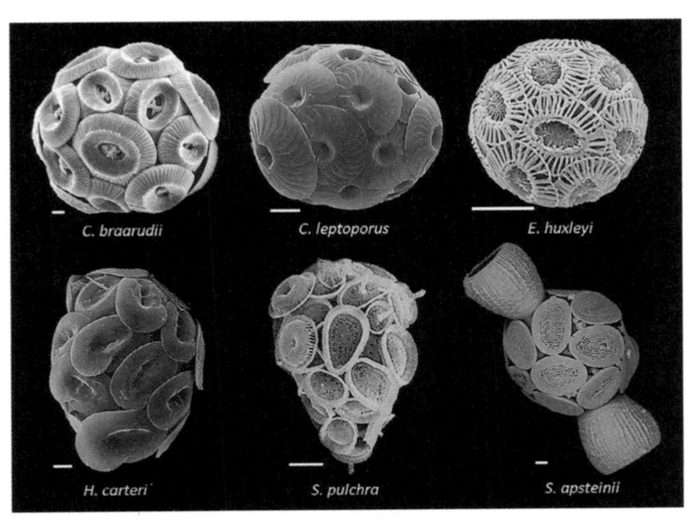

图4-14　几种球石藻的扫描电镜伪彩照片（标尺=2微米）（Brownlee et al,2021）

（4）放射虫（Radiolaria）　也是肉足虫纲中的重要一目，其外壳的主要成分不是碳酸钙，而是二氧化硅，所有种类都生活在海洋，多数营浮游生活，死后外壳沉积在海底形成硅质软泥。

图4-15　德国生物学家恩斯特·海克尔的放射虫素描

（5）钟虫（*Vorticella*）　属于纤毛门，寡膜纲（Oligohymenophora），缘毛目（Peritrichida），钟虫科（Vorticellidae）。营单体生活，体形似倒钟，围口面有围口唇，反口面有细长的柄，内有肌丝，能收缩，柄下端可以固着。钟虫种类丰富，多栖息于多污带、中污带和有机质丰富的池塘中，常大量附着在水生植物上，有时也固着在枝角类、桡足类的甲壳或附肢上，幼虾被钟虫大量附着会发生死亡。在西藏湖泊中比较常见，例如溞钟虫。

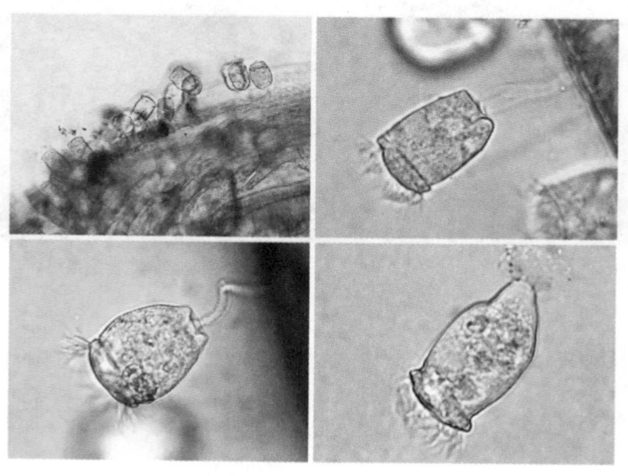

图4-16　溞钟虫（*V. kahli* Stiller,1931）

（6）累枝虫（*Epistylis*） 属于纤毛门，寡膜纲，缘毛目，累枝科（Epistylidae）。营群体生活，虫体与钟虫相似，但柄又直又粗，透明无肌丝，故不能收缩。虫体的前端有十分膨大的围口唇。广泛分布于湖泊、池塘、河流、水库中，主要固着在水生植物、水生昆虫、贝壳等身上。在西藏湖泊中比较常见，例如溞累枝虫。

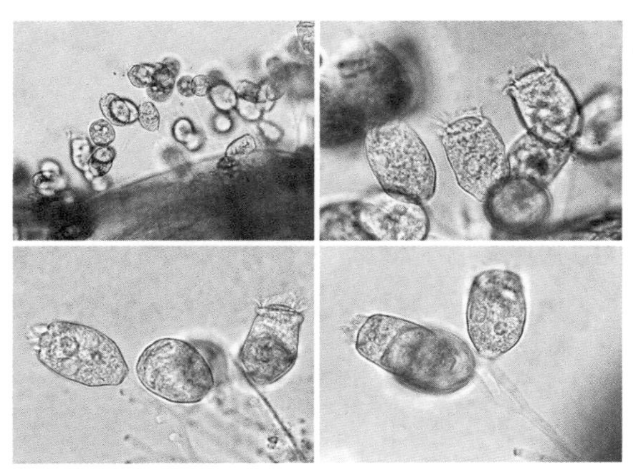

图4-17　溞累枝虫（*E. daphniae* Faurè -Fremiet,1905）

（7）草履虫（*Paramecium*） 属于纤毛门，寡膜纲，膜口目（Hymenostomatida），草履科（Parameciidae）。体形似一只倒置的草鞋，断面呈圆形或椭圆形，有发达的斜面凹陷的口沟，全身遍布纤毛。草履虫主要生活在多污带、中污带和有机质丰富的水体中。在西藏湖泊中常见，例如尾草履虫。

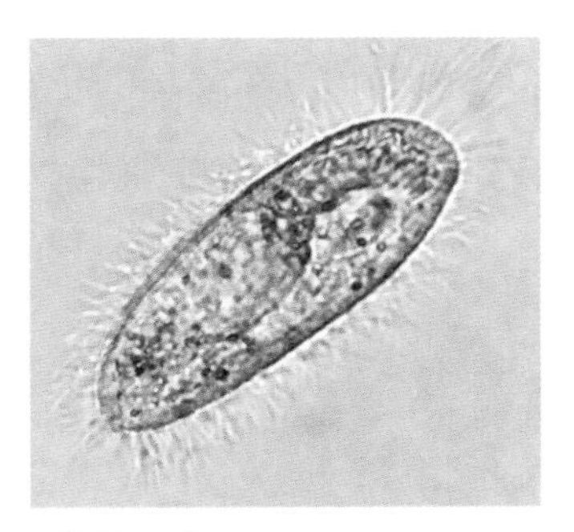

图4-18　尾草履虫（*P. caudatum* Ehrenberg,1838）

（8）游仆虫（*Euplotes*） 属纤毛门，多膜纲（Polyhymenophora），旋毛亚纲（Spirotricha），游仆目（Euplotida），游仆科（Euplotidae）。体形呈椭圆形或圆形，腹面略平，背面突出并有纵脊，前棘毛6～7根，腹棘毛2～3根，肛棘毛5根，尾棘毛4根。游仆虫在海水、淡水中均有分布，常见于有机质丰富的水体中，依靠纤毛快速游动捕食。在西藏湖泊中有发现，例如八肋游仆虫。

图4-19　八肋游仆虫（*E. novemcarinatus* Wang,1930）

原生动物分布范围广泛，世界上只要有水的地方，就有原生动物的身影。它们主要吃细菌、腐质、单细胞藻类，有些捕食性的原生动物还会捕食其他原生动物。寄生是一种温和的捕食。寄生性的原生动物，极为著名的就是导致疟疾的疟原虫。

淡水原生动物对环境的适应性强，万一遇到不利环境如干燥、严寒、食物匮乏等，它们还会形成包囊（encystment）结构进行休眠。包囊不但可以抵御外界的恶劣条件，还极易被风吹起做长距离迁移，散落到适宜的新环境便可以重新繁殖。原生动物个体小，随波逐流容易传播，还可以附着在水生昆虫、甲壳动物、两栖类、爬行类、鱼类和鸟类等动物身上被携带传播。

原生动物能够促进水中的腐质分解，对于净化水质起到了很大作用。此外，水生经济动物在幼体期会摄食原生动物获取营养，而少数种类如红色中缢虫（*Mesodinium rubrum*）大量繁殖，也会造成近海发生赤潮。对原生动物的科学认知与合理利用，是生物学在微观世界探索研究的重要课题。

4.3 轮虫，目测最小的后生动物

后生动物（metazoa）这个概念，是与原生动物相对应的，指的是所有原生动物以外的动物总称。在动物界，除了原生动物门的种类之外，其他所有多细胞动物门类都统一被划入后生动物。在后生动物中，那些个体微小需借助显微镜或放大镜才能看清的后生动物，称为微型后生动物。

轮虫（rotifer）是最小的后生动物，体长一般在0.1～0.5毫米，最大的不超过1毫米。人眼的极限分辨率是0.1毫米，低于这个尺度就看不清了。轮虫的大小刚刚超过人眼的分辨率，所以在澄清的水中仔细看，用肉眼能勉强看到轮虫的小小身姿，它们好像水中漂浮的尘埃一样，但其游泳运动行为可以被辨别出来。这些小不点儿有些是“草食性”的，主要吃在水中浮游的细菌、单细胞藻类和腐质；还有些种类十分凶猛，会捕食原生动物和其他“草食性”轮虫，甚至敢于猎杀比自己体型更大的枝角类和桡足类动物。

轮虫虽小，五脏俱全，其构造比原生动物复杂得多。轮虫的身体可以分为头、躯干和足三部分，有些种类没有足。

轮虫的头部呈盘状，上面密密麻麻长满了纤毛，称为头冠（corona），又称轮盘，是轮虫运动和摄食的器官。纤毛不断旋转摆动，看上去像是转动的轮子，轮虫的名字便由此而来。通常，纤毛向后摆动快而有力，向前摆动就缓慢多了。因此，向后摆动时会形成一个涡流，水中食物陷入旋涡中心流入口中，虫体本身也借此向前呈螺旋式游动。头冠的形状多种多样，是轮虫分类的重要依据，常见的类型包括轮虫型、须足轮虫型、猪吻轮虫型、晶囊轮虫型、巨腕轮虫型、聚花轮虫型、胶鞘轮虫型。

躯干位于头冠下方，腹面平坦或略凹陷，背面隆起凸出，多数种类身披坚硬的被甲，上面具有纹路、隆起和棘刺结构。而足位于躯干末端，大多呈柄状，能自由伸缩。有些种类足的末端有1～3个尖尖的趾，可以理解为我们人类的脚趾，是轮虫的运动器官。轮虫在进行游泳运动时，足和趾起到“船舵”的作用控制方向。在足的基部有一对足腺，内有细管通到趾。足腺会分泌黏液，趾利用黏液附着在其他物体上，轮虫可以借此向前爬行，也可以保持身体固定不动。

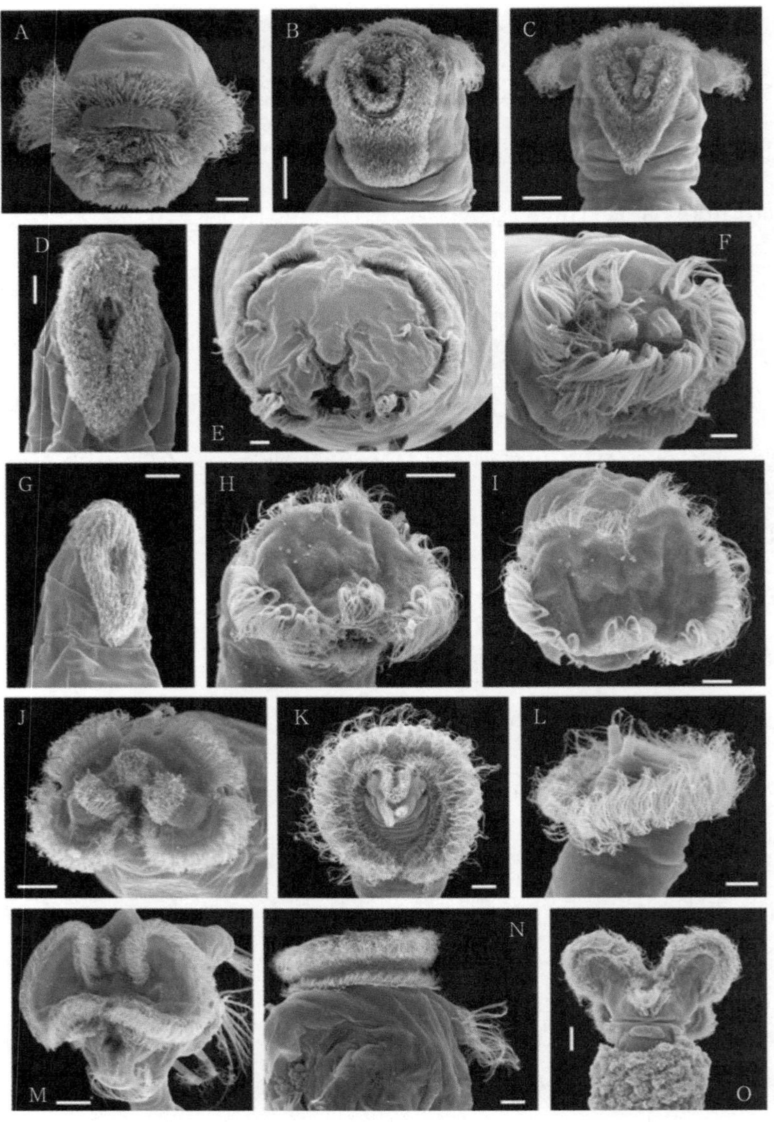

图4-20 几种轮虫头冠纤毛的扫描电镜图（Fontaneto & De Smet,2015）
A、D、F、I、K、L、N，标尺 =10 微米；B、C、E、G、H、J、M、O，标尺 =20 微米

轮虫没有呼吸器官，直接通过体壁与外界交换气体。但轮虫的消化系统零部件非常齐全，口位于头冠的腹面，下方连接着内壁带有纤毛的咽部，咽以下是一个膨大的咀嚼囊，也就是变形的咽喉。咀嚼囊内有一套咀嚼器，是轮虫消化系统中的特有构造，与头冠配套用于取食磨碎食物，其下方还常常带有2～7个唾液腺。从咀嚼囊再往下，是管状的食道和膨大的胃，胃后面是逐渐变细的肠道，肠胃之间没有

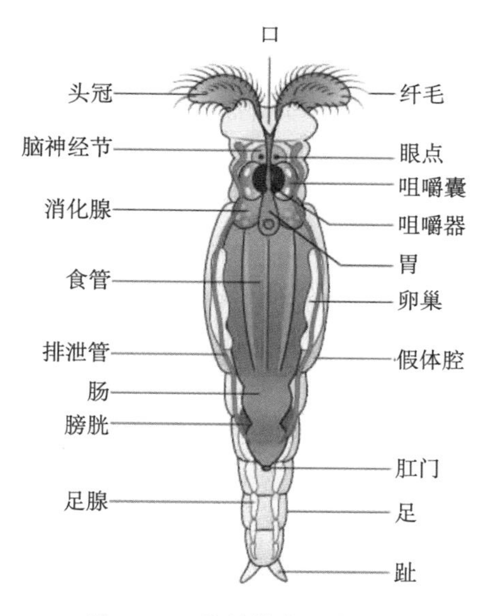

图4-21　雌性轮虫形态结构

明显的界线。肠道直通泄殖腔，出口即是肛门，也可以称为泄殖腔孔，位于躯干末端靠近足的基部，是排粪和排卵的共同出口。有些种类的轮虫没有肛门，吸吮食物汁液后不产生粪便，或者干脆从口中排出废弃物。从进化角度认为，进食端和排泄端分开的动物，比进出共享同一端口的动物更为高等。

咀嚼器（trophi）是轮虫分类的重要依据，常见类型有槌型、枝型、槌枝型、砧型、梳型、杖型、钳型、钩型，其基本构造是由7块非常坚硬的咀嚼板组合而成的。通常，咀嚼板分为砧板和槌板两部分，砧板由一片砧基和两片砧枝组成，砧板左右各有一个槌板，每个槌板由一片槌钩和一片槌柄组成，这些加在一起正好是7块。咀嚼器连着肌肉，牵动咀嚼器灵活地活动，食物在经过槌钩和砧枝之间时就被切断磨碎了，相当于高等动物的上下颌牙齿的作用。

轮虫是雌雄异体动物：雌性有一个卵巢，输卵管连通泄殖腔；雄性有一个精巢，输精管连通交配器即阴茎。我们通常能见到的是它的雌体。与高等动物相比，轮虫的生活史相对复杂，也像植物一样存在单倍体和二倍体的世代交替现象。一般情况下，轮虫以孤雌生殖方式繁殖后代。孤雌生殖是相对于两性生殖而言的，孤雌生殖是不依赖雄性即可单独完成生殖的一种特殊方式。营孤雌生殖的雌体我们称之为非混交雌体（amictic female），它产生的二倍体卵称为非需精卵（amictic egg），又叫夏卵。夏卵的卵壳很薄，不需要受精，细胞不经过减数分裂过程，直接发育为非混交雌体。但是当环境变得不利时，夏卵会发育成混交雌体（mictic female），后者通过减数分裂产生单倍体的需精卵（mictic egg）。这种卵如果不受精，就会发育成单倍体的雄性，脱离母体即可在外界生活；若是受精了，就成为二倍体的休眠卵（resting egg），又叫冬卵。冬卵的卵壳很厚，壳上有花纹和刺，可以抵御高温、低温、干燥、水质恶臭等条件，待外界条件改善以后，又会重新发育为非混交雌体，继续以孤雌生殖方式繁衍生息。从夏卵到冬卵生殖方式的转变，被认为是外界多重因素混合刺激的结果。

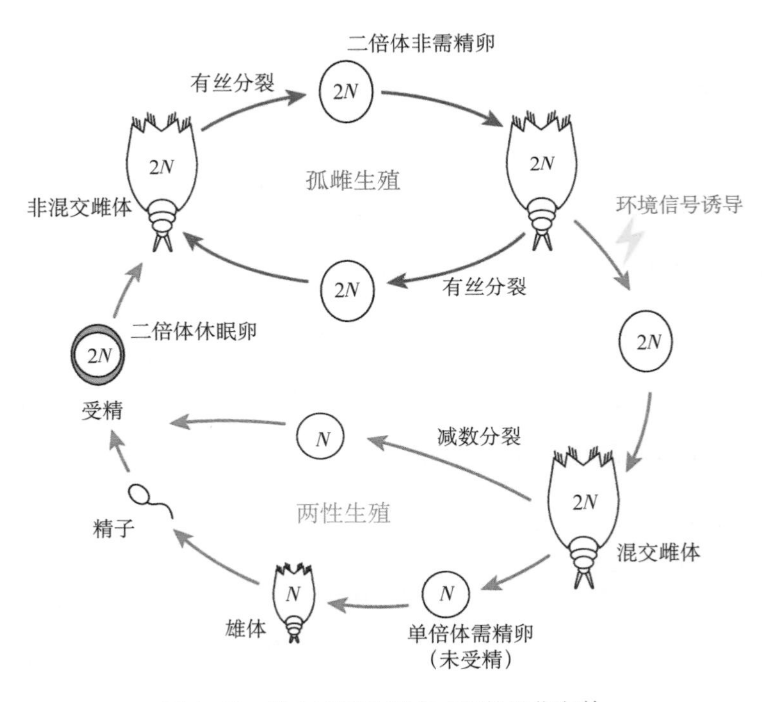

图4-22　轮虫不同生殖方式下的世代交替

轮虫的寿命很短。雌体能活10天左右，雄体只能活2～3天。小轮虫一出生，在几个小时内就能长大到成体大小，从此身体大小不再变化。雄体的唯一使命就是交配，尽管它完全不吃饭，但生命力顽强，精力充沛，运动迅速，一遇到雌体就冲上去实现“虫生”价值。通常，雄体会将精子射入雌体的泄殖腔内，但也有的精子会穿过雌体不同部位的体壁，使精子与卵细胞受精形成冬卵。

轮虫的休眠卵沉入水底，通常在来年春夏季节萌发，是使轮虫种群恢复的一种越冬手段，所以俗称为冬卵。休眠卵的形态和卵壳上的附属物，也是轮虫分类的重要依据，以下是几种常见轮虫的休眠卵样貌。

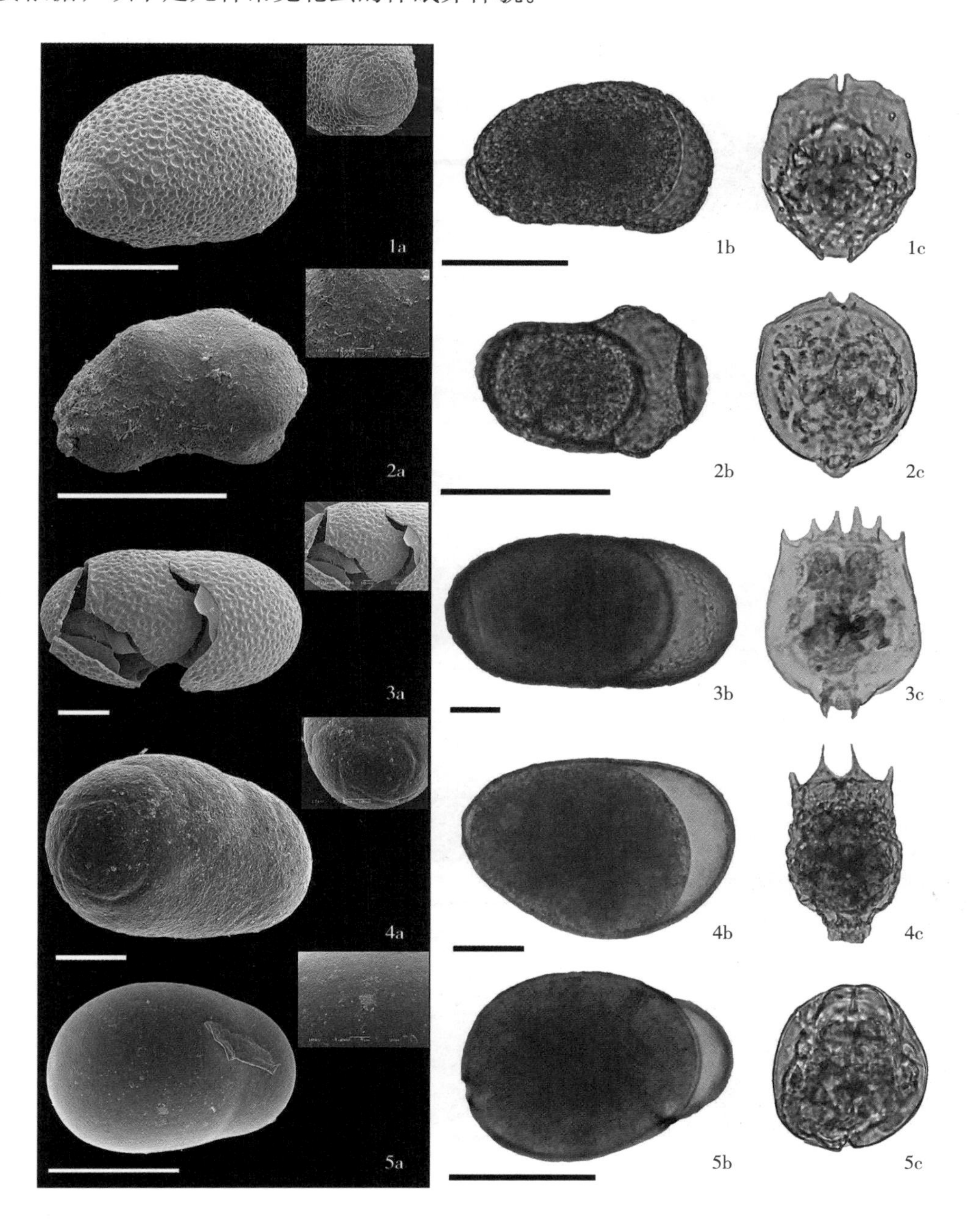

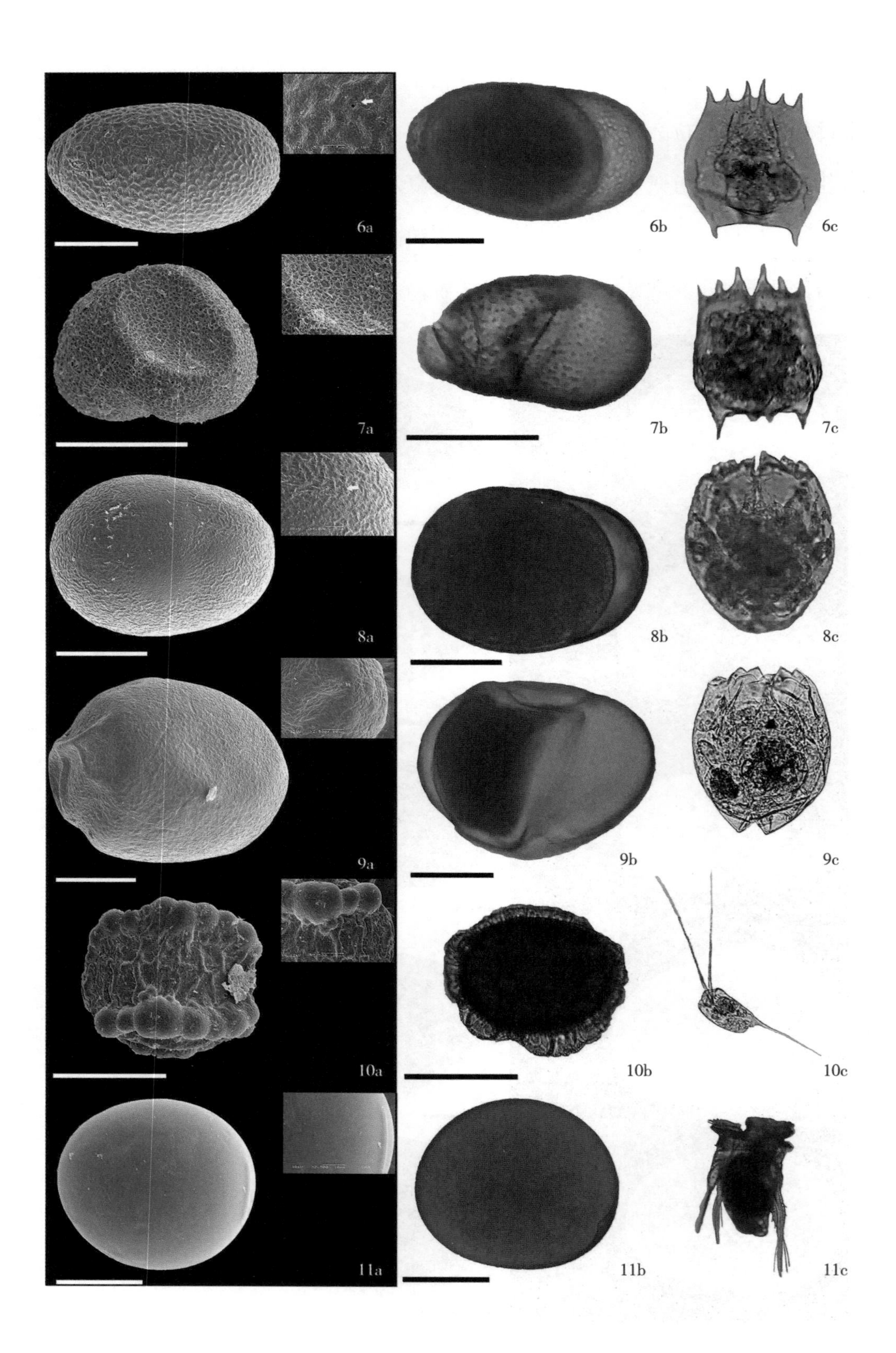
6a
6b
6c
7a
7b
7c
8a
8b
8c
9a
9b
9c
10a
10b
10c
11a
11b
11c

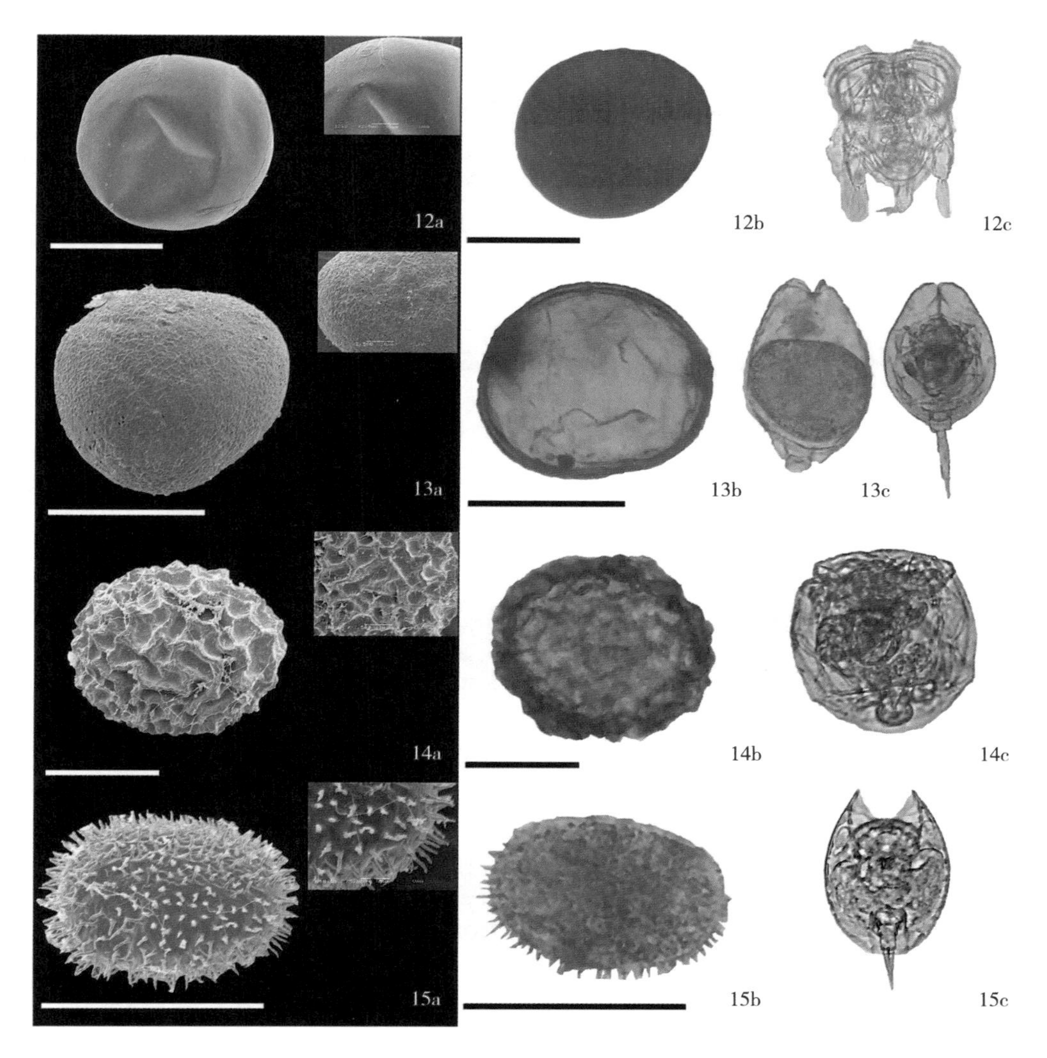

图4-23　几种轮虫及其休眠卵（Guerrero-Jiménez et al,2020）

（a）休眠卵电镜图　（b）休眠卵光镜图　（c）各种轮虫的形态（标尺 =50 微米）

除了以泄殖腔排泄粪便，轮虫还有一套类似于人体的泌尿系统，包括位于身体两侧的一对原肾管和一个膀胱。原肾管是一种原始结构，是很多低等的两侧对称动物所共有的，生有很多小的分支，其末端是由焰细胞组成的焰肾球结构，用于收集身体各处的废液，通过原肾管汇总到膀胱，经由泄殖腔排出体外。对于轮虫来说，泄殖腔既是排粪通道，又是排尿通道，还是排卵通道，这条通道“很忙”。

轮虫有脑神经节，发出的神经网络遍布身体各处。感觉器官是触手和眼点，触手有3个，一个位于躯干背部前端，两个位于躯干中部两侧，是一种能动的乳头状突出物，末端有一束或一根感觉毛，与神经网络连接。眼点只有1个，与背触手一样靠近头冠，可以感知外界光线。所以，轮虫在水中能感知到很多微弱的信号刺激，这些有趣的秘密正在等待人们去探索。

长期以来，人们对轮虫的分类意见不一。有的将其列为线形动物门（Nemathelminthes），有的将其列为袋形动物门（Aschelminthes），有的将其列为原腔动物门（Protocoelomata），还有的干脆将轮虫单独列成轮虫动物门（Phylum Rotifera）。以往的分类是将轮虫视为轮虫纲（Rotifera），下分为2个亚纲，3个总目，约2 500个种类。2个亚纲是尾盘亚纲（Pararotatoria）和真轮虫亚纲（Eurotatoria），前者含有一个总目，即尾盘总目（Seisonidae）；后者含有两个总目，即蛭态总目（Bdelloidea）和单巢总目（Monogononta），大部分种类都集中在单巢目。在现行的分类系统中，系将轮虫列为轮形动物门，下分3个纲即蛭态纲（Bidelloidea）、单巢纲（Monogononta）和尾盘纲（Seisonidae）。尾盘纲为海产类群。单巢纲下分3个目，即游泳目（Ploima）、神轮目（Gnesiotrocha）和胶鞘目（Collothecacea）。

以下是西藏湖泊中采集到的几种轮虫。

（1）叶轮虫（*Notholca*） 属于单巢纲，游泳目，臂尾轮虫科（Brachionidae）。种类不多，多数生活在温带和寒带，在热带和亚热带地区不常见，是狭温性冷水种类，甚至可以在冰下生存。但某些种类适温范围较广，比如鳞状叶轮虫和尖削叶轮虫。在西藏湖泊中，共发现了4个种类，分别是唇形叶轮虫、尖削叶轮虫、鳞状叶轮虫、西藏叶轮虫。

其中，西藏叶轮虫（*N. tibetica*）曾被认为是西藏地区的特有种类，雅鲁藏布江尼洋河支流有该种分布。经过本次调查发现，该种分布于藏北地区的扎日南木错、蓬错两个湖泊中，二者均为淡水湖。但也有报导称该种在长江流域、渭河流

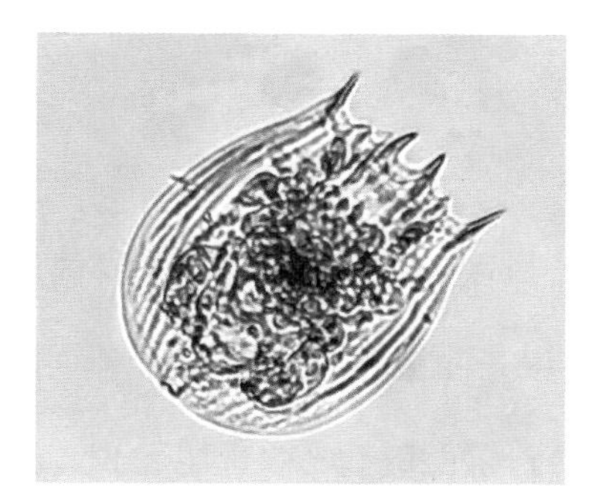

图4-24　唇形叶轮虫（*N. labis* Gosse,1887）

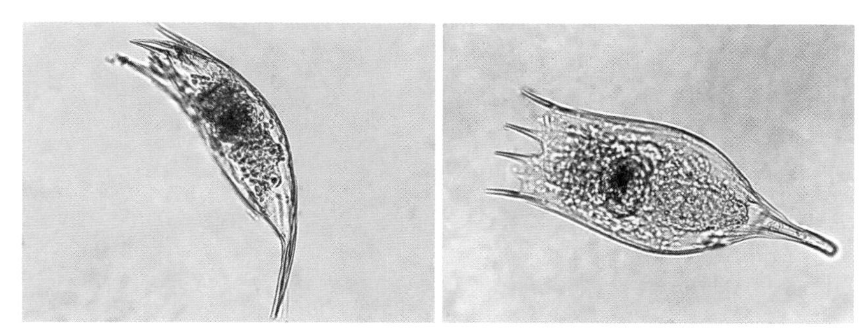

图4-25　尖削叶轮虫[*N. acuminata* (Ehrenberg）Hudson et Gosse,1886]

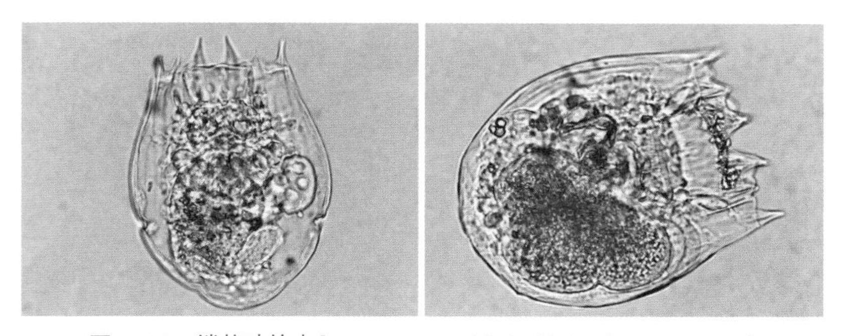

图4-26　鳞状叶轮虫[*N. squamula* (O. F. Müller）Voigst,1957]

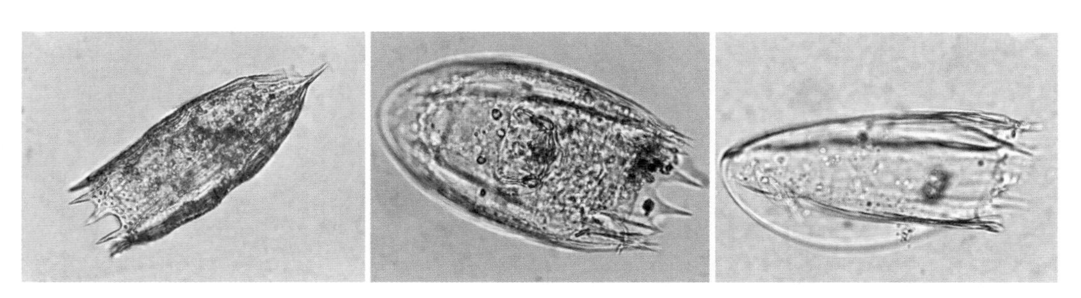

图4-27　西藏叶轮虫（*N. tibetica* Gong,1989）

域、云贵高原等地也有分布，这说明该物种的实际自然分布范围更广，但极少见世界其他地区有对该种的报道。

（2）臂尾轮虫（*Brachionus*） 属于单巢纲，臂尾轮虫科，背甲比较宽阔，其上有棘刺，前棘刺1～3对。目前，该属共发现30多种，我国有10多种，分布范围广泛，是十分常见的轮虫，也是重要的生物饵料。在西藏湖泊调查中发现了4个种类，即变形臂尾轮虫、方形臂尾轮虫、矩形臂尾轮虫、褶皱臂尾轮虫。

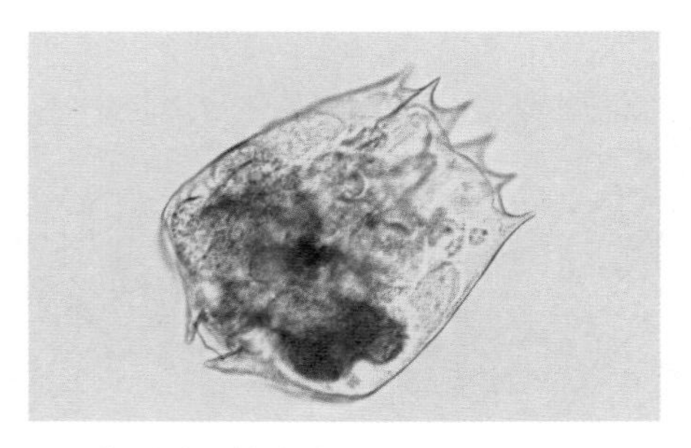

图4-28　变形臂尾轮虫（*B. variabilis* Hempel,1896）

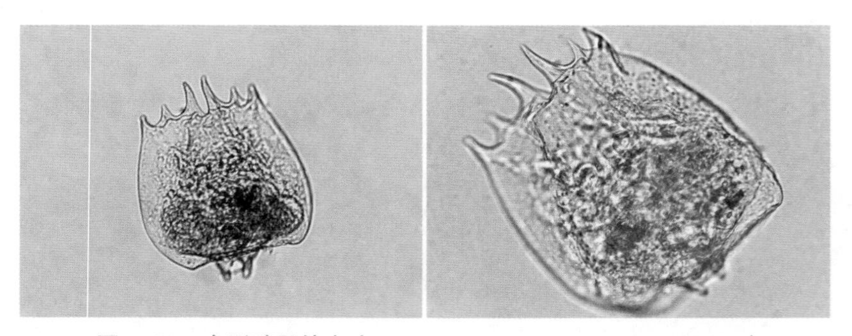

图4-29　方形臂尾轮虫（*B. quadridentatus* Hermanns,1783）

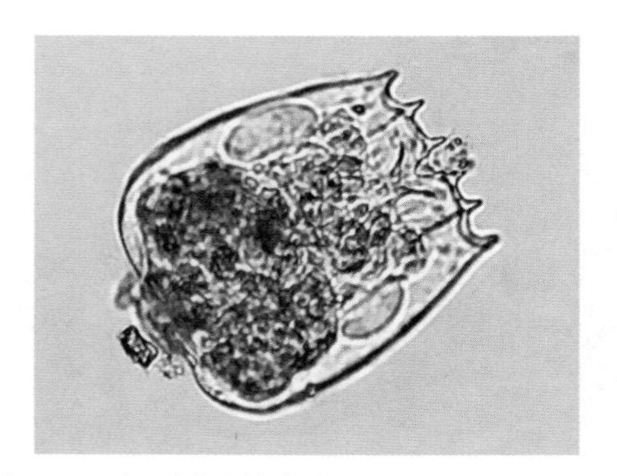

图4-30　矩形臂尾轮虫（*B. leydigi* Cohn,1862）

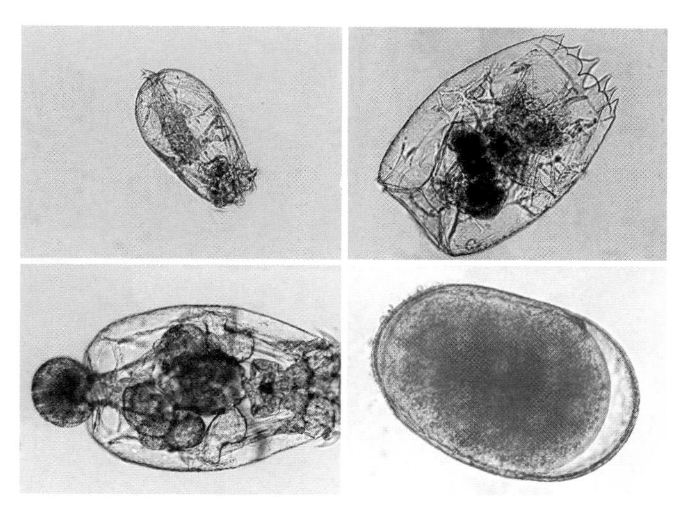

图4-31　褶皱臂尾轮虫（*B. plicatilis* O. F. Müller,1786）

其中，褶皱臂尾轮虫（*B. plicatilis*）背面前棘刺有6个，排列不对称，前腹面有4个褶片，足孔近方形。该种类是盐水种，盐度耐受性强，在盐度250以下的环境中均可生存，是目前普遍培养的轮虫种类。

（3）龟甲轮虫（*Keratella*）　属于单巢纲，臂尾轮虫科，背甲隆起，上有龟纹，腹甲扁平，前棘刺有6个，或直或弯，后棘刺有1个或2个，也是比较常见的轮虫，在淡水、内陆盐水中均有分布。在西藏湖泊调查中发现了2个种类，即螺形龟甲轮虫、矩形龟甲轮虫。

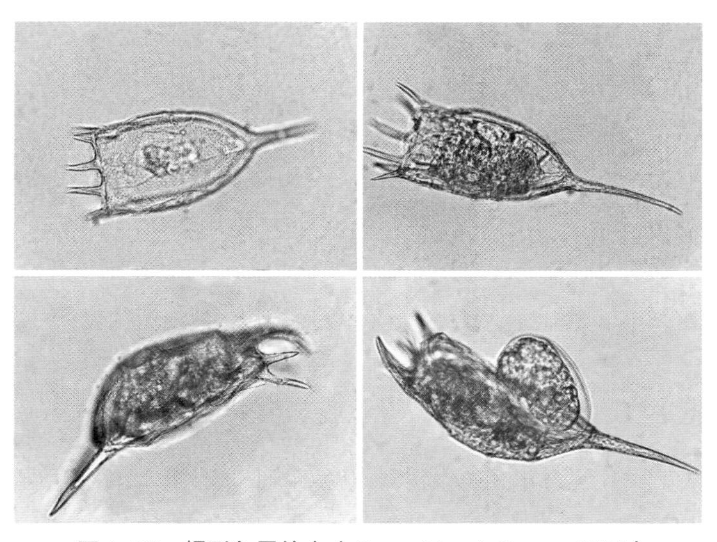

图4-32　螺形龟甲轮虫（*K. cochlearis* Gosse,1851）

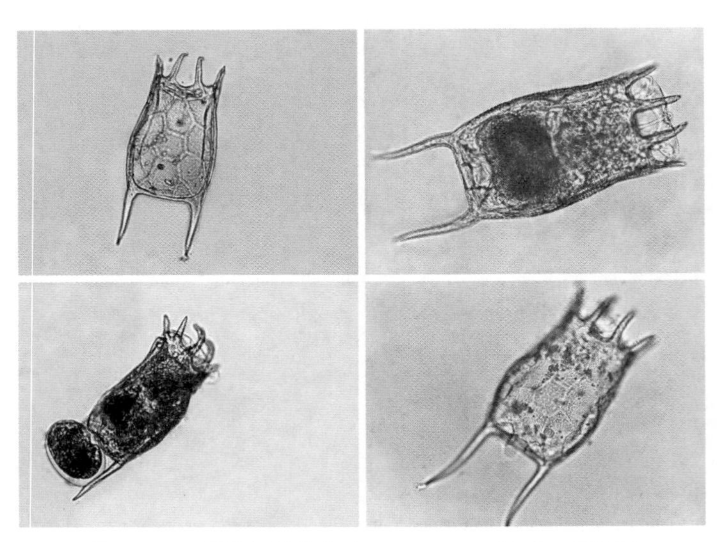

图4-33 矩形龟甲轮虫（*K. quadrata* Müller,1786）

（4）晶囊轮虫（*Asplanchna*） 属于单巢纲，晶囊轮虫科，体透明似灯泡，后端浑圆，无足，无肠，无肛门，胃发达，不能消化的食物残渣经口吐出，咀嚼器能伸出口外摄取食物。在西藏湖泊调查中发现了1个种类，即前节晶囊轮虫。

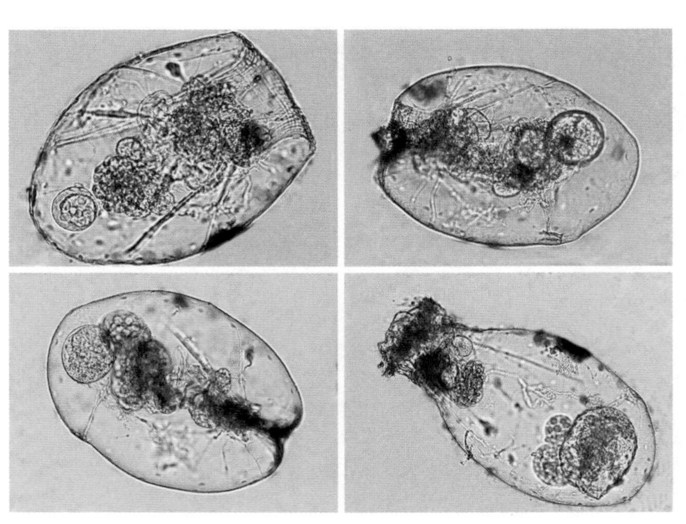

图4-34 前节晶囊轮虫（*A. priodonta* Gosse,1850）

（5）狭甲轮虫（*Colurella*） 属于单巢目，臂尾轮虫科，被甲由左右两片在背面愈合而成，腹面裂开并具裂缝，因此被甲显得很狭窄。在西藏湖泊调查中发现了1个种类，即爱德里亚狭甲轮虫。

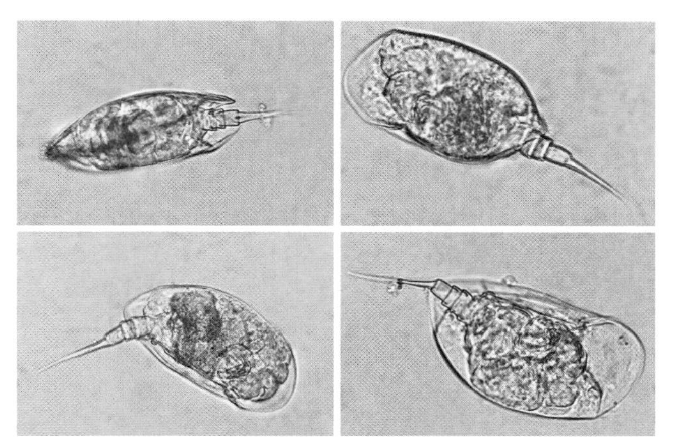

图4-35　爱德里亚狭甲轮虫（*C. adriatica* Ehrenberg,1831）

（6）三肢轮虫（*Filinia*）　属于单巢目，镜轮科，体卵圆形，无被甲，身体长有3～4根细长的附肢，特征十分明显，常常与多肢轮虫同时出现。在西藏湖泊调查中发现了1个种类，即长三肢轮虫。

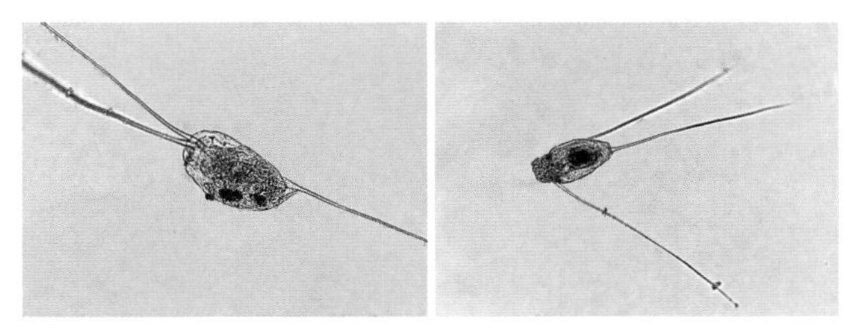

图4-36　长三肢轮虫（*F. longiseta* Ehrenberg,1834）

（7）巨腕轮虫（*Hexathra*）　属于单巢目，镜轮科，无被甲，身体长有6根粗壮的附肢，其末端具有发达的羽状刚毛，此结构十分独特，能使身体划动，还能在水中自由跳跃。该类轮虫分布广泛，在淡水、内陆盐水中均可见。在西藏湖泊调查中发现了1个种类，即环顶巨腕轮虫。

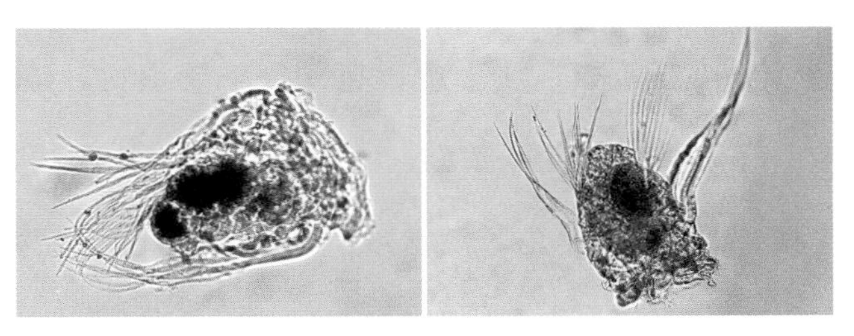

图4-37　环顶巨腕轮虫（*H. fennica* Lavander,1892）

（8）疣毛轮虫（*Synchacta*） 属于单巢目，疣毛轮虫科，体呈钟形或倒锥形，头冠宽阔，有4根又粗又长的刚毛，头冠两旁各有一对耳状突起，其上有特别发达的纤毛。该类轮虫耐受温度和盐度幅度较广，一年四季在淡水、盐水中均可生存繁殖，也是比较常见的种类。在西藏湖泊调查中发现了2个种类，即梳状疣毛轮、尖尾疣毛轮虫。

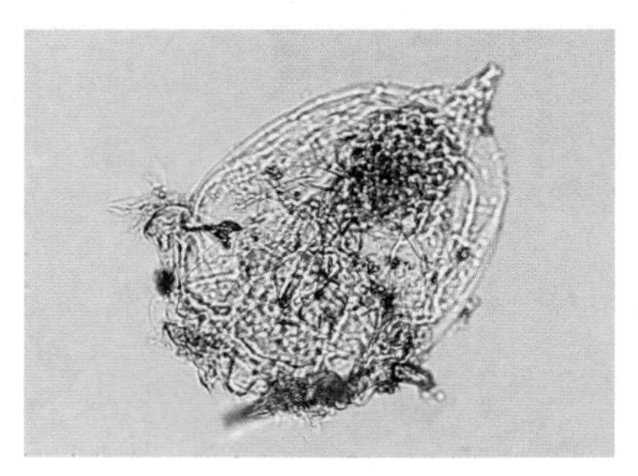

图4-38 梳状疣毛轮虫（*S. pectinata* Ehrenberg,1832）

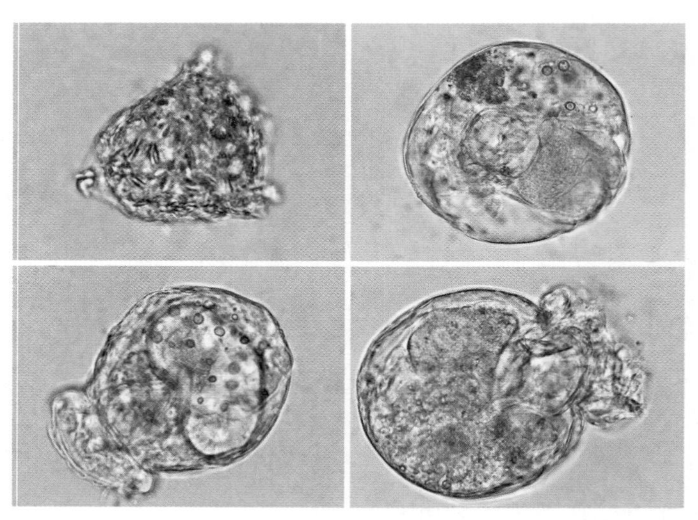

图4-39 尖尾疣毛轮虫（*S. stylata* Wierzejski,1893）

（9）多肢轮虫（*Polyarthra*） 属于单巢目，疣毛轮虫科，体呈圆筒形或长方形，身体两侧长有许多片状或针状的附肢，其末端的羽状刚毛一般为12条，分为4束，每束3条，背腹各2束，也是用于游泳或跳跃。该类轮虫极为常见，在西藏湖泊调查中发现了1个种类，即针簇多肢轮虫。

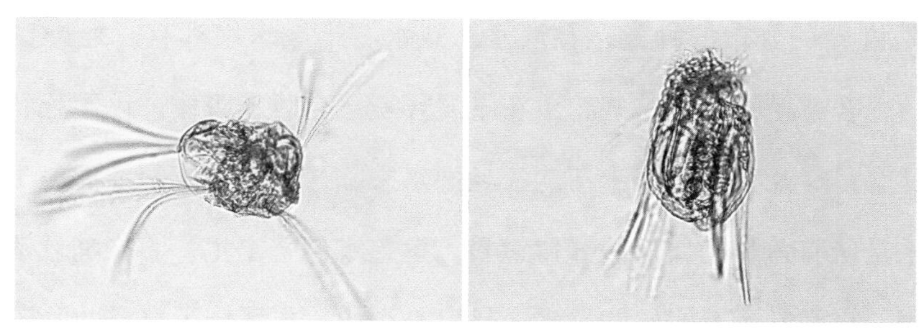

图4-40　针簇多肢轮虫（*P. trigla* Ehrenberg,1834）

（10）巨头轮虫（*Cephalodella*）　隶属单巢目，椎轮科，体中等大，纵长，呈长圆筒形，具有杖形咀嚼器，被甲薄而光滑，无刻纹。头和躯干部有颈圈凹痕。背部明显凸出，腹部近平直或略凹。趾长大约超过体长的1/3，向背面弯转。是一种常见种类，在西藏盐湖中常见种是小巨头轮虫和凸背巨头轮虫。

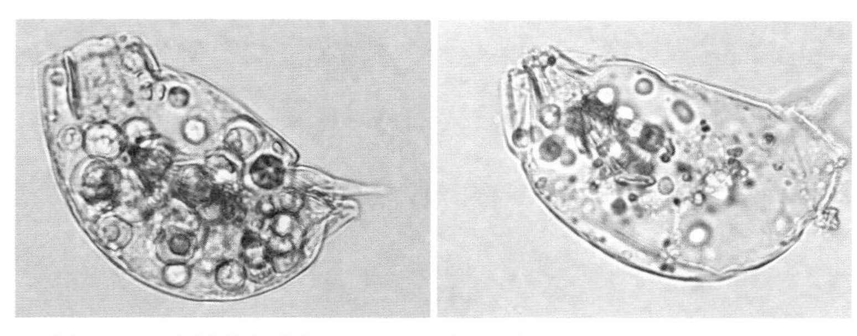

图4-41　小巨头轮虫[*C. exigna* (Gosse) Harrying & Meers,1924]

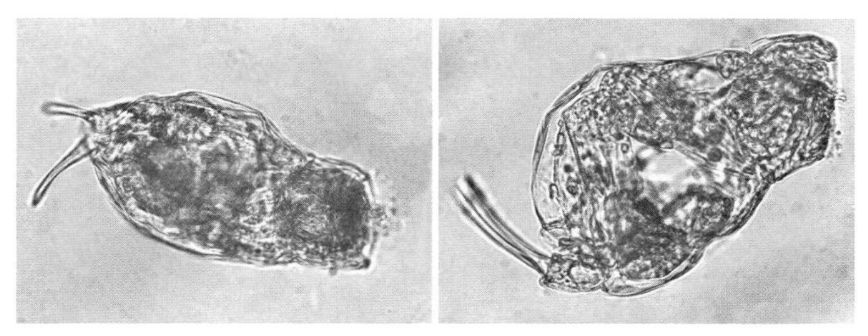

图4-42　凸背巨头轮虫（*C. gibba* Ehrenberg,1832）

轮虫受温度和pH影响较大。大多数轮虫是广温性种类，一般在偏酸性的水体中，轮虫种类多、数量少，而在偏碱的水体中，轮虫种类少、数量多。随着水体的富营养化，水的pH升高趋向碱性，轮虫的种类就会减少而数量增多，这是物种多样性下降的表现，对于指示水体营养状况具有一定的参考价值。

轮虫是世界性分布的种类，在淡水、咸水、半咸水中都有。蛭态目大多数种类只能生活在苔藓植物上。这些轮虫在干燥环境下会收缩身体，以假死状态保持生命，长达几个月、几年甚至几十年。一旦雨水来临，又马上能复活。由于轮虫个体微小，几乎是所有鱼类幼体期的开口饵料。鱼宝宝们一出生，不像哺乳动物的幼崽那么有福气，它们吃不着妈妈的奶水，是用小小的轮虫填饱了自己的肚子。

4.4 枝角类，身披夹克的侧颜杀

如果轮虫是展示了它小巧玲珑的背部，那么枝角类则是彻头彻尾的侧颜杀。

枝角类（cladocera）隶属于节肢动物门，甲壳亚门，鳃足纲，通称水蚤，俗称鱼虫、水蹦儿、红虫。枝角类和桡足类都是小型甲壳动物。虽然它们都是节肢动物，但前者身体大多不分节，后者身体一般分11节，二者都被称为水蚤。

在文字上，“水蚤”一词等同于“溞”字。一个通用的原则是：如果某种水蚤的中文学名不带“水”字，那么它的命名需要用“溞”字；但如果学名中带“水”字，命名时就用“蚤”字。例如，枝角类中的大型溞（*Daphnia magna*）、多刺裸腹溞（*Moina macrocopa*），桡足类中的中华哲水蚤（*Calanus sinicus*）、火腿伪镖水蚤（*Pseudodiaptomus poplesia*）。这是中文学名中的一个特殊现象。世界通用的科学双命名法是以拉丁文给物种命名，属名在前，种名在后，均为斜体。中文学者们为了语言交流的方便性，才有了另外创造中文学名的需求。

图4-43　枝角类

枝角类个头小，但比轮虫大多了，肉眼可以看清楚，体长一般在0.2～10毫米，多数是1～3毫米，身体分为头部和躯干部。头部包被在一整块甲壳内，背面有一道颈沟与躯干部区分开来。

枝角类的头顶，有一个叫做头盔的结构，呈弧形或突出起来，随着季节不同，形状会有所变化。头部前端有一个大大的球状复眼，由若干小眼组成，周围有水晶体，在三对动眼肌的牵动下可以向不同方向转动。在复眼和第一触角之间，还有一个较小的单眼，没有水晶体。从外观上看，单眼更像是枝角类动物脸上的一颗美人痣。复眼和单眼都能感受光线强弱，而复眼还能识别光源的方向和颜色。

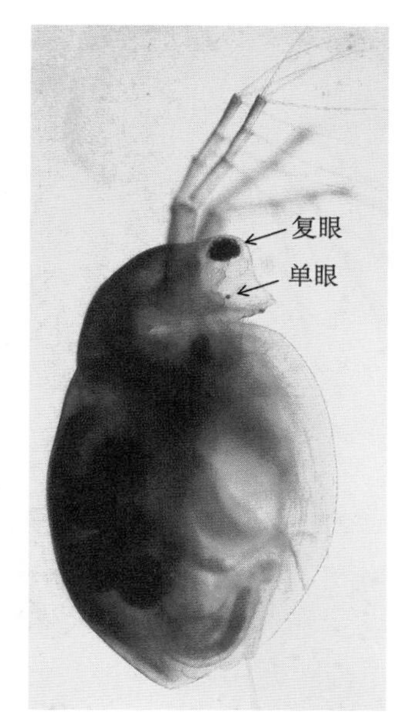

图4-44　枝角类复眼和单眼的位置关系（以西藏拟溞为例）

枝角类这个名字，来自它那十分明显的分枝状触角。第一触角退化，第二触角发达。雌雄个体第一触角差异大，雌性的短小，不能活动，雄性的较长，可以活动。雄性第一触角末端有长长的刚毛，在交配时用于抓住雌性的身体。第二触角是运动器官，是头部十分明显的结构，在原肢上面生出外肢和内肢，长着羽状的刚毛，内外肢的分节数目和刚毛数目，称为刚毛式，是分类学的重要依据。例如，溞属（*Daphnia*）的刚毛式是0-0-1-3/1-1-3，表示外肢4节，第一、二节无刚毛，第三节1根刚毛，第四节3根刚毛，内肢3节，每节分别有1、1、3根刚毛。

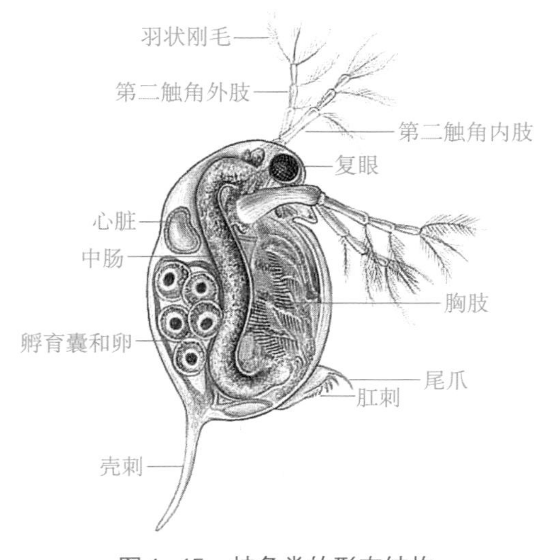

图4-45　枝角类的形态结构

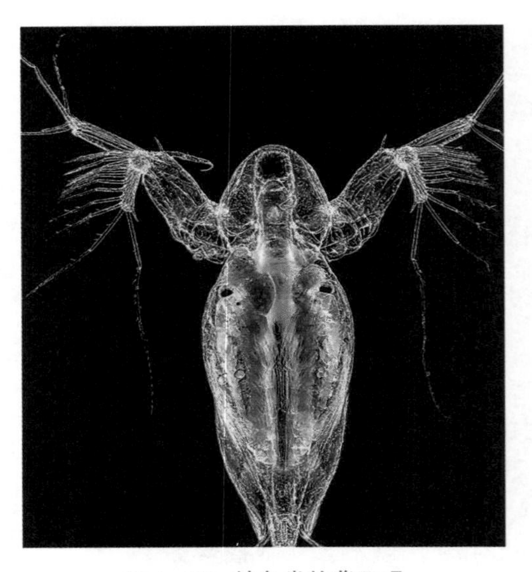
图4-46　枝角类的背面观

枝角类的躯干部分为胸部和腹部，被左右两片壳瓣包裹着。壳瓣的背部愈合，前面张开，非常像一件皮夹克。有的种类其壳瓣后部末端延长成壳刺，看上去就像一件燕尾服。壳瓣分为内外两层，内层薄，有呼吸作用，与水接触通过扩散作用交换氧气和二氧化碳；外层厚，有保护作用，外表面或光滑，或有点状、线状、网状花纹，或有小刺状附属物。

在头部背侧有一个卵圆形的心脏，有1个动脉孔和2个静脉孔。大多数枝角类没有血管，心脏收缩后泵出的血液从动脉孔出发，在壳瓣的内外两层之间和体腔内的组织之间按照一定的路线流动，然后再经过静脉孔汇集回心脏。在此过程中，实现了营养和气体在身体各部位的交换。室温下，心脏跳动的速度高达每分钟250次。心跳速度越快的动物，其寿命也往往越短。枝角类的寿命就只有短短的几十天而已，但跟轮虫比起来还算是长寿的。枝角类的血液为无色透明或者淡黄色，但如果水中的溶解氧含量偏低的话，它们的身体就会形成溶解性的血红素，使得血液变成红色，“红虫”这个名字便由此得来。

枝角类的胸部长有4～6对胸肢，按照位置来说本应是运动器官，但这个功能已经让位给了第二触角，胸肢则变成了摄食的器官。滤食性种类主要吃藻类、原生动物、细菌和腐质，其胸肢呈扁平的叶状，是一整片不分节的，边缘长着许多由羽状刚毛构成的滤器，用于过滤食物颗粒。这些叶状胸肢不断摆动，在壳瓣内产生水流，食物随着水流被推送到胸肢根部进入口中。捕食性种类主要捕捉原生动物、轮虫和其他小个子的甲壳动物，其胸肢呈分节的圆柱形，外肢退化或完全消失，内肢上面生有粗壮的刺状或爪状刚毛，这是它们捕猎时的猎杀工具。食物从口经过食道进入中肠即胃，再进入直肠通过肛门排出体外。

枝角类的腹部较短，没有任何附属的肢体，其背侧有1～4个腹突，构成了孵育囊的后壁，防止卵逸出体外。腹突之后是尾突，上面长着2根尾刚毛，尾突之后就是尾爪，尾突和尾爪之间的部分叫做后腹部，肛门就是开口于后腹部。在后腹部，大大小小的棘刺种类非常丰富，成为分类的重要依据。

枝角类类似于高等动物泌尿系统的排泄器官是壳腺和触角腺。壳腺又叫颚腺，前胸两侧各一个，每个由末端囊和细长弯曲的肾管组成，是枝角类成体的排泄器官。触角腺又称绿腺，是枝角类幼体的排泄器官，其构造与成体的壳腺相同。随着幼体不断发育，触角腺就逐渐退化了，不再具有排泄功能。

枝角类身体各处的毛毛都有感知能力，与脑部极为发达的神经节发出的神经网络连接，可以感知水中的各种物理和化学信号，并做出相应的生理与行为响应。枝角类的头部还长有一种叫做颈感器的特有感觉器官，数目有若干个，由球形细胞构成，与脑神经相连，具体功能尚不清楚。

与轮虫一样，枝角类主要以孤雌生殖方式“生女育女”，环境条件不利时又会进行两性生殖。但是跟轮虫相比，枝角类的生长与生殖过程又有很多不同的地方。枝角类的寿命比轮虫长得多，因此个体发育可以明显区分出四个时期，即卵期、幼龄期、成熟期和成龄期。卵在孵育囊中发育的时期是卵期。幼体从孵育囊中排出即开始了幼龄期，刚出生的幼体是第一幼龄，以后每次脱壳增加一龄，就像我们每年长大一岁那样。枝角类的幼龄期不长，一般只有三到六个幼龄。高温会缩短幼龄期，低温会延长幼龄期，夏天时枝角类的幼龄阶段只有几天而已。幼体在终末幼龄和第一成龄之间的过渡时期是成熟期，此时幼体的卵巢中将首次出现成熟的卵。当卵正式排入孵育囊时，即标志着幼体已经进入了成龄期。这个过程特别类似于女孩子的月经初潮，表示她已经“长大成人”了。枝角类的成龄期相对较长，从十几个到几十个不等，随种类和环境条件不同而存在较大变化。

枝角类孤雌生殖卵（夏卵），卵膜薄而柔软，卵黄小，卵的数量多，是二倍体。

胚胎在孵育囊中发育成幼体，母亲摆动后腹部让宝宝们脱出，而另一波夏卵紧接着排入孵育囊。随即，母亲就会脱壳，新甲壳会在极短的时间内硬化，就在这千钧一发之际，母亲的身体会趁着甲壳尚且柔软的间隙迅速长大。这是枝角类成熟雌体的一种将自身脱壳生长与繁殖后代两个过程相互偶联的有趣现象。每一胎的产卵数目称为生殖量。一般来说，体形大的种类生殖量高。大型溞（*Daphnia magna*）体长可达6毫米，生殖量可以多达100个；老年低额溞（*Simocephalus vetulus*）体长约为3毫米，生殖量为30个左右；而角突网纹溞（*Ceriodaphnia cornuta*）体长只有0.6毫米，生殖量仅为6个。研究发现，即使是同种个体，个头更大的个体也更能生养。例如，发头裸腹溞（*Moina irrasa*）体长分别为1.76、1.26和0.66毫米时，生殖量分别是21.14、11.62和4.41个。大鱼吃小鱼，小鱼吃虾米。自然界的弱肉强食往往跟个体的尺寸有关。同样的，“生儿育女”的能力也跟个体的尺寸有关。这种现象在生命世界普遍存在，生物学家在研究生存与繁衍问题时也十分重视个体的尺寸。此外，枝角类的育龄期有波峰波谷现象。通常而言，初期生殖量较低，其后逐渐增加达到峰值，然后开始慢慢下降，而在死亡前的几个龄期，有些种类干脆不生了。有些种类更有趣，生殖量有一波高一波低的交替现象，好似苹果种植中的“大小年”现象。

通常，夏卵都是发育成雌性的，但母体一生最后一次排出的夏卵中，总有一些是会发育出雄体的。这些雄体会跟雌体交配，让雌体产生的需精卵（冬卵）受精，冬卵卵膜厚，卵黄多，数量少，仅有1～2个。此时，枝角类就进入了以两性生殖的方式繁衍后代的阶段。事实上，在夏卵从卵巢排入孵育囊之前，外界的很多条件都会影响到未来胚胎的性别。水温过高或过低、食物短缺、食物质量太差、水中溶解氧含量太低、种群密度过大等，都能促使夏卵发育成雄体。雄体从幼龄长到成龄也需要进食，成熟以后才能履行传宗接代的使命，这一点跟轮虫的雄体完全不同。枝角类的雄体使用第一胸肢外肢上的壮钩或内肢上的长鞭和第一触角上的长刚毛抓住雌体，将后腹部的生殖孔（少数种类有阴茎状突起）伸入雌体壳瓣内，把精子排入孵育囊或输卵管完成受精。冬卵在孵育囊内两天时间发育至囊胚阶段，形成生殖腺和头部原基以后离开母体，在外界环境下暂时进入停止发育的时期，称为滞育期或休眠期。这种卵就是滞育卵或休眠卵，将来孵出的幼体都是雌性，是新一轮孤雌生殖的“启动资金”。

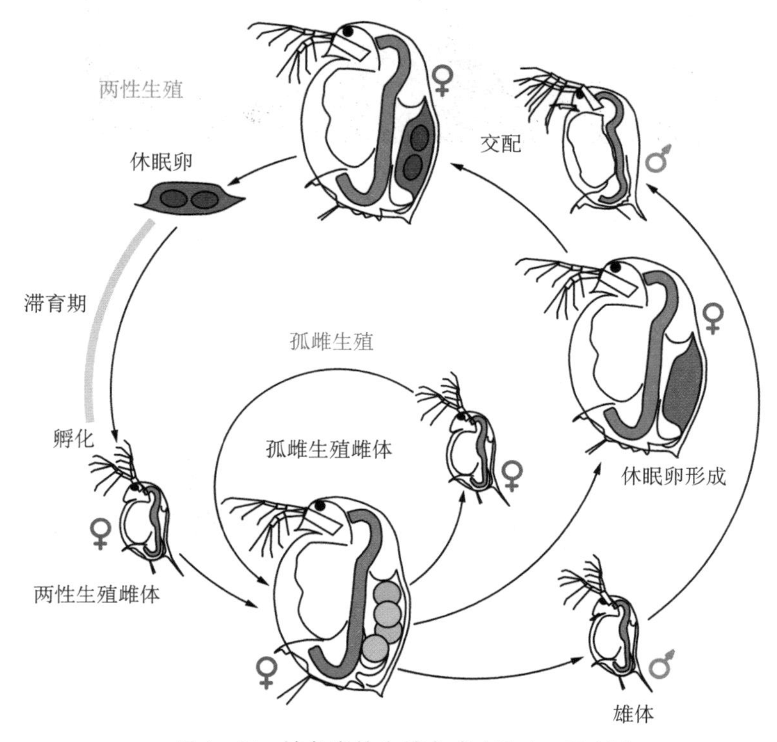

图4-47　枝角类的生殖方式（Turko,2011）

枝角类分为16个科，620多个种。我国除了单肢溞科、杜氏溞科、刺毛溞科、底栖溞科、多刺溞科尚未被发现有分布之外，其余11个科中共180多个种均有分布，约占世界总种数的三分之一（向贤芬等，2015）。在西藏湖泊中，我们也发现了枝角类的身影。其中，一种叫做西藏拟溞的种类，以其黑色的壳瓣颜色特别引人注目。关于它的故事，我们会在下一章讲述。

以下是在西藏湖泊中采集到的几种枝角类。

（1）尖额溞（*Alona*）　属于盘肠溞科，种类众多，分布广泛，多生活在湖泊近岸草丛、池塘或沟渠，身体呈近似卵圆形或矩形。在西藏湖泊中发现1个种类，即点滴尖额溞，是该属的常见种类。

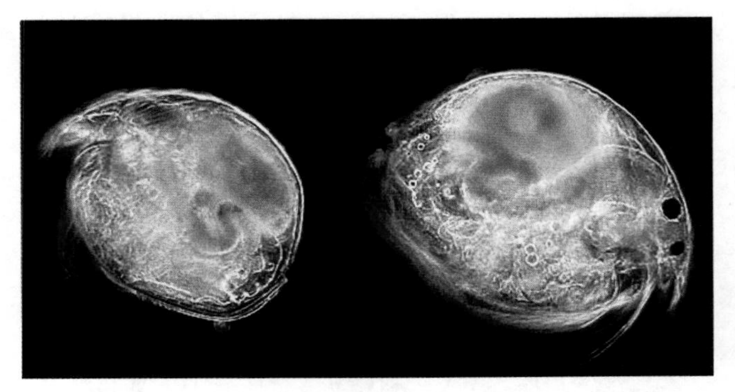

图4–48 点滴尖额溞（*A. rectangular* Sars,1862）

（2）盘肠溞（*Chydorus*） 属于盘肠溞科，种类众多，分布广泛，多生活在湖泊近岸草丛、池塘或沟渠，身体呈近似圆形。在西藏湖泊中发现1个种类，即圆形盘肠溞，是该属的常见种类。

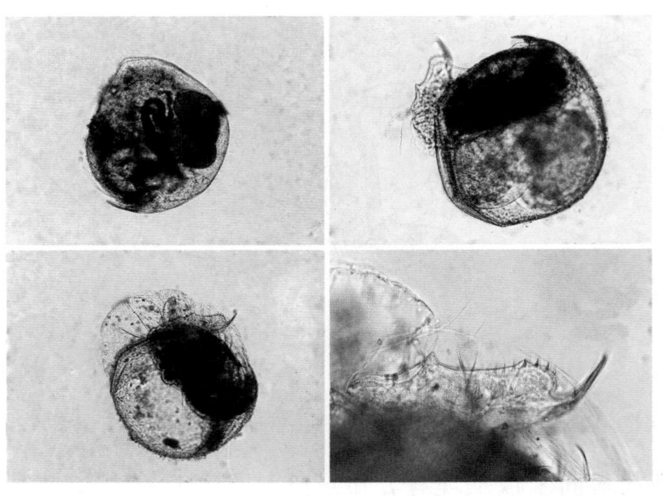

图4–49 圆形盘肠溞（*C. sphaericus* O.F. Muller,1785）

（3）溞（*Daphnia*） 属于溞科，体呈卵圆形，壳瓣后背角延伸成壳刺，壳面有菱形的网纹，第二触角通常具有9根刚毛，刚毛式为0-0-1-3/1-1-3。该属种类众多，分布于世界各地，多生活在中、小型浅水湖泊、池塘、水沟等有机质丰富的小型水体中。在西藏湖泊中发现3个种类，透明溞和蚤状溞是该属的常见种类，而帕米尔溞是青藏高原特有种。

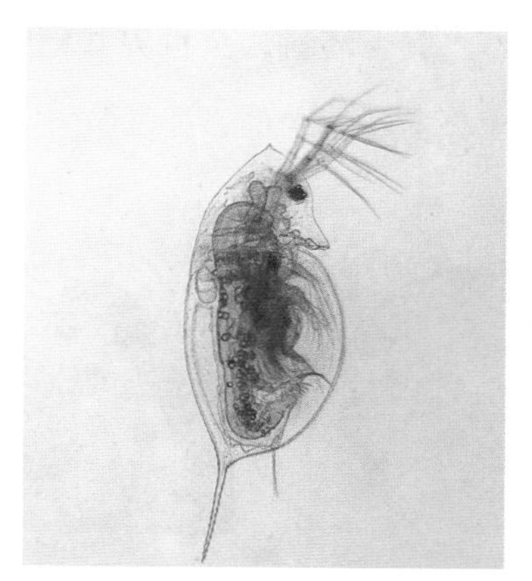

图4-50　透明溞（*D. hyalina* Leydig,1860）

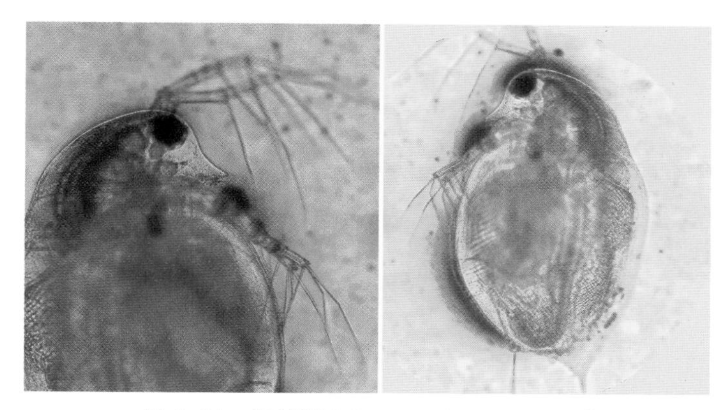

图4-51　蚤状溞（*D. pulex* Leydig,1860）

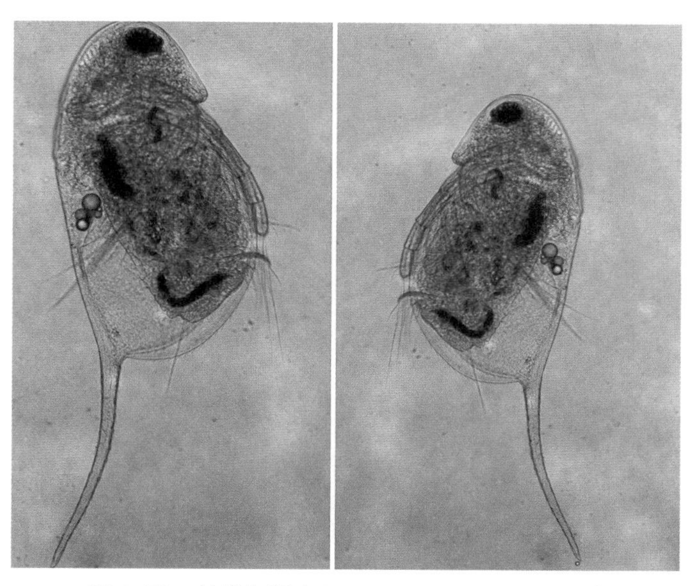

图4-52　帕米尔溞（*D. pamirensis* Rylov,1930）

（4）拟溞（*Daphniopsis*） 属于溞科，全世界共记录11种，我国仅有西藏拟溞1种，是西藏某些湖泊中的优势种类。

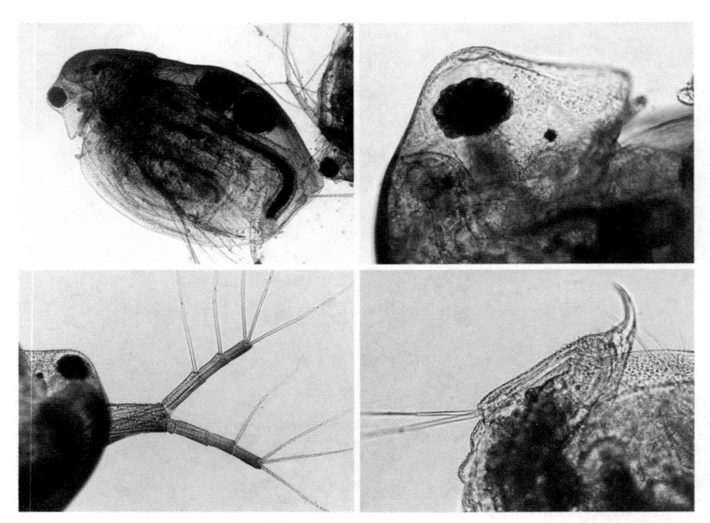

图4-53 西藏拟溞（*D. tibetana* Sars,1901）

（5）裸腹溞（*Moina*） 属于裸腹溞科，多生活于淡水的湖泊、池塘中，少数种类存在于盐水中，全世界共记录约39种，我国约分布有10种，在西藏湖泊中发现的是直额裸腹溞。

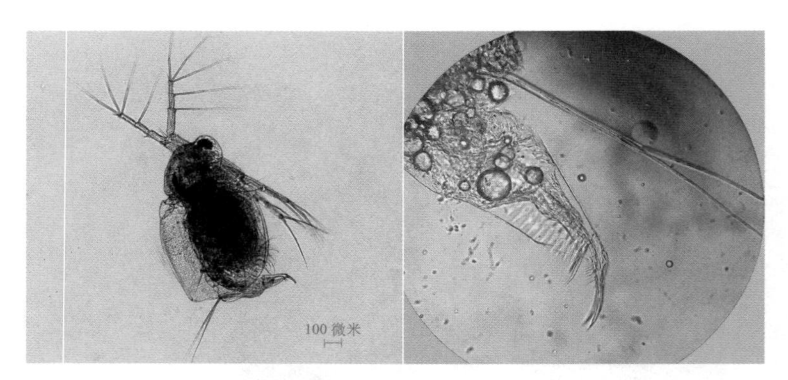

图4-54 直额裸腹溞（*M. rectirostris* Leydig,1860）

枝角类在江、河等流动的水体中难以生存，主要是因为其游泳能力较弱受不起水流的猛烈冲击。同时，如果流水中有大量泥沙等悬浮物的话，会造成枝角类滤食困难无法获得充足的营养。所以，若想看到它们的身影，我们最好是到湖泊、池塘或者河流与水库的下游静水区域去。

枝角类能够感知光线的强弱。水面光照较弱时，它们会向上游到水面取食；水面光照太强时，它们又会向下躲到水里。既要冒险到有光的地方获取食物，又要避免自身被阳光晒伤。于是，我们仔细观察的话，就能看到它们随着昼夜变化，出现了昼夜垂直移动的有趣现象。此外，在不同的季节，同一种枝角类的外形还会发生变化，主要表现为头盔、壳刺的长短和壳瓣表面的突起或纹路的变化，这主要是为了适应不同季节下的生存环境，比如较长的头盔和壳刺，可以在一定程度上避免被捕食者吃掉，因为吃起来会比较“扎嘴”。

对于枝角类生物学家而言，2014年是非常值得纪念的。那一年，世界各地研究枝角类的学者获得了两次欢聚一堂的机会。首先是在1月19—22日，在英国伯明翰大学召开了研讨会，主题是“强势的溞类：过去、现在和未来”，该会议由学者约翰·科尔伯恩建立的溞属基因组联盟发起。然后是在9月28日至10月3日，第10届枝角类国际研讨会在捷克共和国的布拉格召开，由查尔斯大学生态学院主办。枝角类国际研讨会是每三年召开一次的国际学术性会议，内容涵盖了枝角类生物学的所有相关主题，特别是关于将枝角类作为模式生物的议题。第10届会议的议题包括枝角类生态学和进化生物学、宿主-寄生虫和捕食者-猎物相互作用、形态学、物种多样性以及生物地理学、分类学和系统分类学等。水生生物学权威期刊*Hydrobiologia*以特刊形式，对这次大会的内容做了报导。

为了让第10届会议圆满完成，捷克共和国做了精心的安排，将会议地点选在了莱德尼采。莱德尼采是一座小镇，位于莱德尼采-瓦尔提斯文化景点的中心，是联合国教科文组织认定的世界文化遗产，与奥地利接壤。莱德尼采最著名的景观是如精灵仙子传说般的法式城堡，城堡内带有宽阔的花园，是根据旧时的意大利和法国花园风格建造的。城堡的第二大特点是带有大量的巴洛克式的骑术大厅，源于17世纪末，其风格保留至今几乎没有任何变化。21世纪初，这些骑术大厅经过重建，改造成了多功能的会议、信息和教育中心。第10届枝角类国际研讨会就在骑术大厅内举行，共有来自31个国家的123人参会，包括新西兰、墨西哥、巴西、中国、泰国、菲律宾、加拿大和美国等。

图4-55　第10届枝角类国际研讨会（Petrusek,2017）

除了历史和文化之外，莱德尼采-瓦尔提斯及其周边区域也是著名的葡萄园和葡萄酒产区。这次会议的标志就采用了葡萄的形象设计，每一粒葡萄中都含有一个枝角类的属，由斯特拉瓦大学的甲壳动物学家兹登卡・杜瑞斯教授绘制。

图4-56　兹登卡・杜瑞斯教授绘制的会议标志（Petrusek,2017）

兹登卡·杜瑞斯教授是海洋共生虾类系统生物学的专家，除了本次会议的标志之外，他还画了一套枝角类的漫画，用在了各种会议的材料中。这套漫画不仅展示了各种枝角类的可爱形象，还幽默风趣地描绘了它们的某些行为特点。比如，船卵溞（*Scapholeberis*）喜欢划水，溞（*Daphnia*）喜欢偷袭，裸腹溞（*Moina*）喜欢臭美，薄皮溞（*Leptodora*）喜欢追杀等。

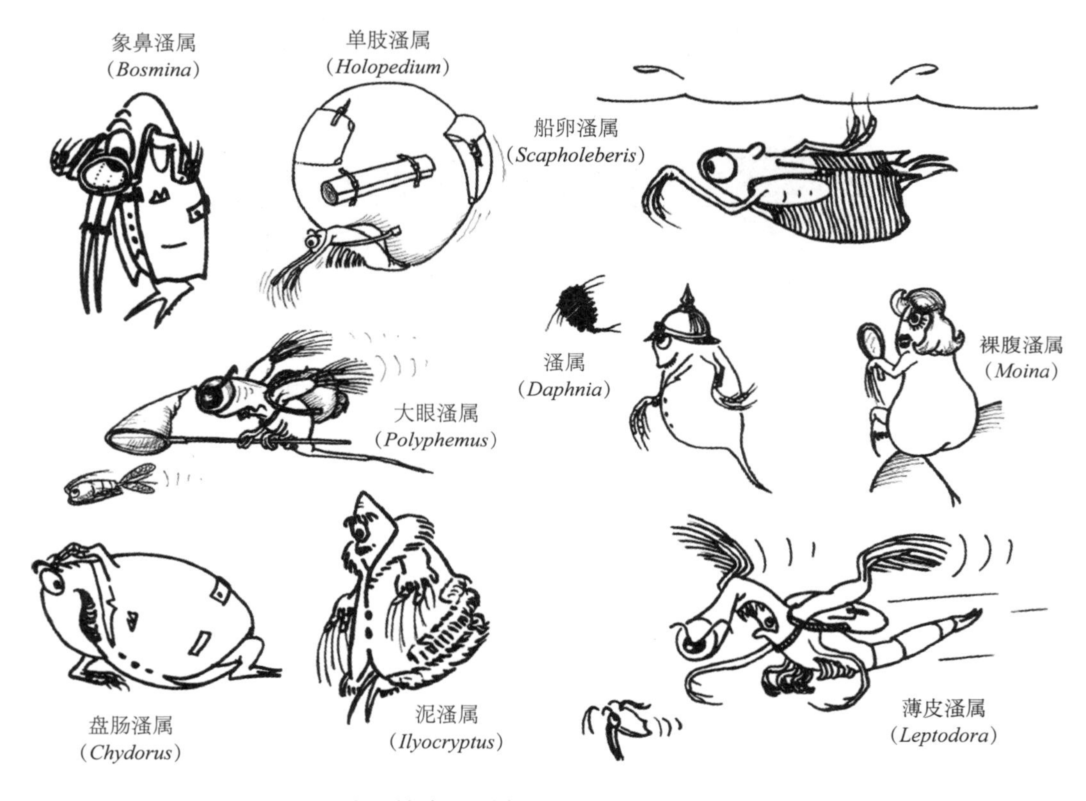

图4–57　兹登卡·杜瑞斯教授绘制的枝角类漫画（Petrusek,2017）

4.5 桡足类，让我们荡起双桨吧

桡足类（copepod）是甲壳纲、桡足亚纲动物的统称，也是一类小型甲壳动物，是浮游动物的重要组成，特别是对于海洋生产力贡献颇多。“桡”字有船桨的意思，

“桡足”一词取自该类动物的胸肢即游泳足，其形状左右对称好似一排排船桨，而桡足类的身体大多呈梭形，配上两侧的游泳足真的好似一艘龙舟。

图4-58　桡足类外观

跟轮虫和枝角类相比，桡足类的身体分节十分明显，由16～17个体节组合而成，某些体节发生愈合，所以一般不超过11节，胸部的节片叫胸节，腹部的节片叫腹节。在显微镜下仔细观看，它的身体就好像被切成了很多大大小小的碎片，然后又重新粘合拼凑起来一样。桡足类身体的前体部较粗，后体部较细，两者之间有一个活动关节，不同种类的活动关节位置不同。哲水蚤的活动关节通常位于第五胸节和第一腹节之间，剑水蚤和猛水蚤的活动关节则位于第四、五胸节之间。

桡足类的眼睛不明显，是位于头部背面中心的1个单眼点或2个侧眼点，说明它的视觉并不发达，但头部两侧具有功能强大的两对触角。这些触角都是游泳器官，分节明显，上面长满了感觉毛，可以感知水中的各种信号，雄性还特化出了执握器，用于在交配时抱住雌性。在动画片《海绵宝宝》中的头号坏蛋“痞老板”，其设计原型就是有着一只眼睛的桡足类，在它还不到1厘米的小身体里，竟包裹着一颗大大的想统治世界的野心。为了偷取美味蟹黄堡的“家传秘方”，痞老板绞尽脑汁制定了一套又一套邪恶的计划，但一次也没成功。

与枝角类十分不同的是，桡足类的第一触角比第二触角发达。从外观上看，桡足类第一触角细而长，为单肢型，第二触角短而粗，为双肢型。第一触角的长度、节数、弯曲与否及第二触角内肢与外肢的结构及长短比例等，都是桡足类的分类依据。这些触角特征往往跟生活习性有关。哲水蚤完全营浮游生活，第一触角比较长，有23～25节；剑水蚤是部分营浮游生活，第一触角相对短些，有6～17节；而营底栖生活的猛水蚤，第一触角最短，只有5～9节。哲水蚤和猛水蚤的第二触角是双肢型，剑水蚤第二触角的外肢却退化为单肢型，这是对滤食或捕食生活方式的适应。

桡足类的口器结构复杂，包括大颚、第一小颚、第二小颚和颚足各1对。其中，大颚面向口的末端是锯齿状的咀嚼缘，有背齿、中央齿和腹齿，相当于高等动物的牙齿。滤食性种类的这些牙齿是臼齿状的，具有硅质冠，适合磨碎硅藻。你是否还记得我们曾经介绍过硅藻是海洋的霸主？对于桡足类来说，硅藻可是不可替代的主食。捕食性种类的牙齿呈犬齿状，不具硅质冠，一看就是吃肉的狠角色。小颚结构也很复杂，上面的羽状刚毛越多，越适合滤食水中的食物，而捕食性种类的小颚刚毛退化明显。颚足是胸部的第一对附肢，听名字很奇怪，又是颚又是足的，到底是颚还是足呢？从位置上来看，应该是足，但从功能上来说，它的主要作用是帮助吃饭。滤食性种类的颚足具有很多刚毛，捕食性种类的颚足则长着硬刺或钩爪。显然，这也是为了适应食性进化而成的不同结构。

桡足类的胸部长有五对胸足，上面也布满了羽状刚毛，这些胸足纯粹是用来游泳的，又叫游泳足。其中，前四对都是双肢型，结构基本相同，雌雄没有分别，种类间没有分别。第五对胸足随种类不同有所变化，而且雌雄之间也有差别，这成为种类鉴定的最主要的依据。

桡足类的腹部分为3～5节，但没有任何附肢，一般雄性比雌性多1节，因为雌性第一、二腹节常常愈合。第一腹节有生殖孔，因此该节又称生殖节。雌性生殖节腹面常常膨大，叫做生殖突起。腹节的末节就是尾节，肛门开口于尾节末端背面，尾节末端两侧各有一对尾叉，尾叉上面同样长着羽状刚毛。总之，碎片化的身体加上数不胜数的毛毛，这是桡足类的身体结构留给我们的深刻印象。

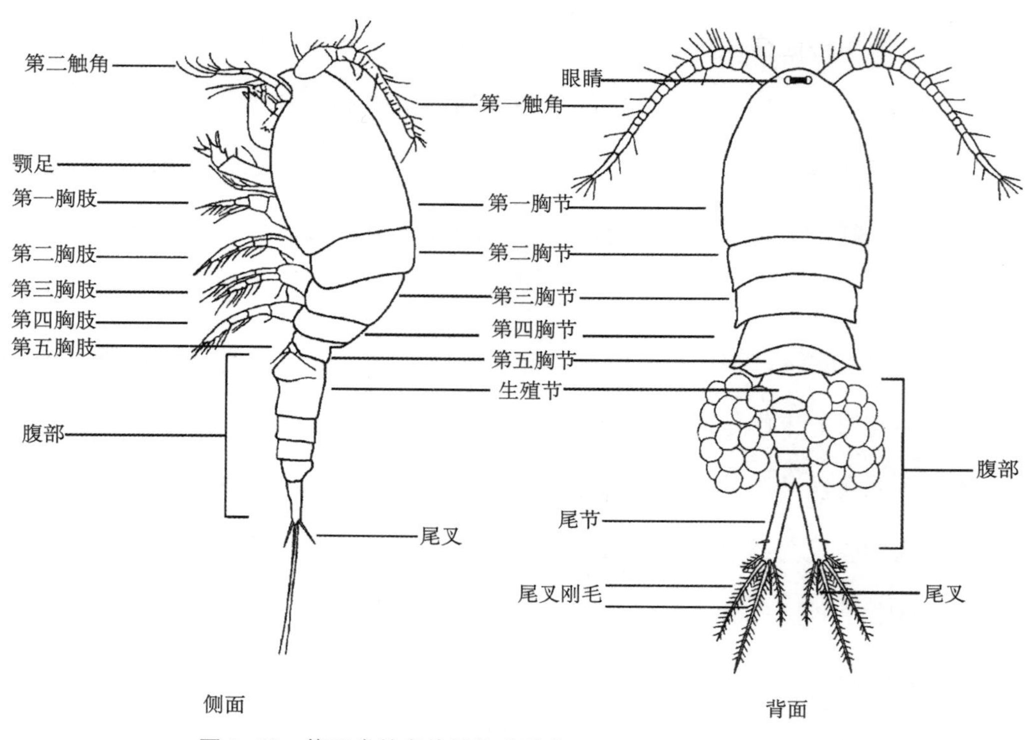

图4-59　桡足类的身体结构（改自Błędzki & Rybak,2016）

食物从口经过短的食道进入中肠，中肠前端部分是宽的盲囊，向前延伸到了头顶膨大成胃，胃部的腺上皮细胞能分泌消化酶，桡足类摄入的食物主要就是在这里消化的。中肠向后延伸到腹部是后肠（直肠），直通肛门将未消化的食物以粪便形式排出。

不同桡足类的循环系统差异很大。哲水蚤的心脏位于第二、三胸节背面，有4个心孔，比枝角类多一个，并且血液是在动脉和静脉血管中流淌，而不是像枝角类那样在体腔间流淌。但是，剑水蚤和猛水蚤却没有心脏和血管，是靠着消化道的蠕动和身体外面肢体的运动促进血液的流动。

与轮虫和枝角类更大的不同是，桡足类完全是以两性生殖方式繁衍。雄性有一个精巢，雌性有一个卵巢，它们的生殖孔一般开口于第一腹节即生殖节的左后边缘。雌性在生殖孔两侧各有一个纳精囊，一端通过短管跟生殖孔相连，另一端通过管道形成小的腔室跟输卵管相通。雄性的输精管一端连接精巢，另一端扩张为贮精囊，之后又连接着精荚囊，里面贮存着精荚。精荚成熟后，通过富含肌肉的射精管从生殖孔排出。哲水蚤交配时，雄性用执握器抓住雌体后体部，第五胸足夹住雌体生殖节，紧接着精荚从雄性生殖孔排出，以第五左胸足的钳形左外肢取下精荚，将其固定在雌性生殖孔旁。剑水蚤交配时，雄性以执握器抓住雌体，将精荚固定在雌体的纳精囊孔上。猛水蚤交配时，雄性以执握器抓住雌体尾叉成对游动，交配时间相对较长。有些种类的受精卵产于水中自由飘荡，有些种类的受精卵聚集在卵囊中悬挂在雌体腹部，还有些卵黏性较强直接黏附在胸足上。研究发现，雌性会在不同水层交界面留下自己的行踪，某些种类还会释放如“爱情香水”般的信息素，雄性顺着这些蛛丝马迹可以找到雌性，即使距离超过100个身长那么远也能找到。这相当于一个男人站在60层的高楼大厦顶部，闻到了地面街道上一位漂亮女孩散发的香味。雄性桡足类会优先选择未交配过的雌性。有趣的是，左撇子雄性会把精荚插入雌性左边的生殖孔，右撇子会把精荚插入雌性右边的生殖孔，而雌性两侧都有生殖孔意味着她可以再次交配，只要第二位雄性用的胸足跟前任相反就行。

桡足类的生长发育方式比较特别，需要经历无节幼体和桡足幼体两个完全不同的阶段。无节幼体期，顾名思义，就是身体不分节的阶段，随着生长发育逐渐进入后期，经过5～6个龄期后体形会逐渐拉伸，体节数增加进入桡足幼体期，然后身体分节情况不断变化，并且出现了雌雄身体结构的差异。桡足幼体经过4～5个龄期，当最后一次蜕皮之后，即变为了成体，从此以后不再蜕皮。这一点跟枝角类几乎终生蜕皮的生长发育方式完全不同。

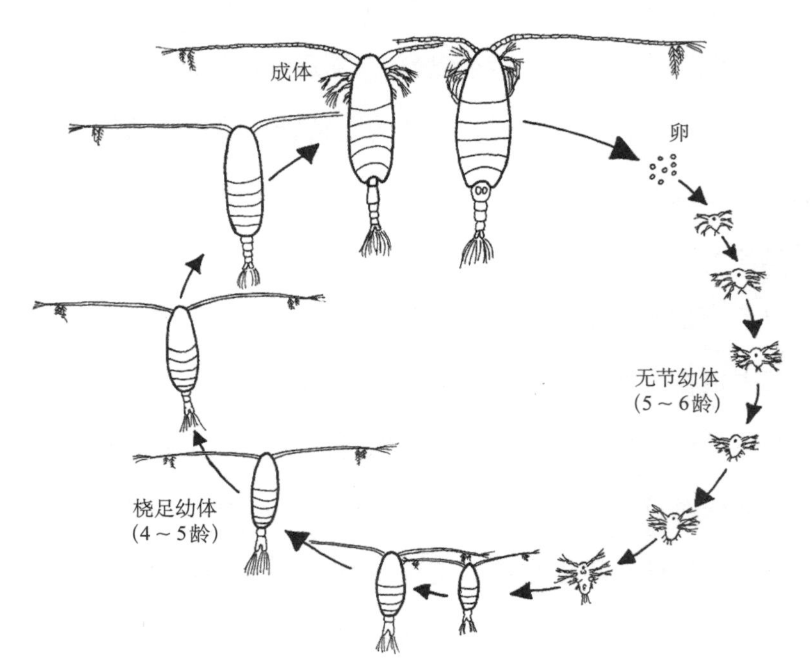

图4-60 桡足类的生长繁殖过程

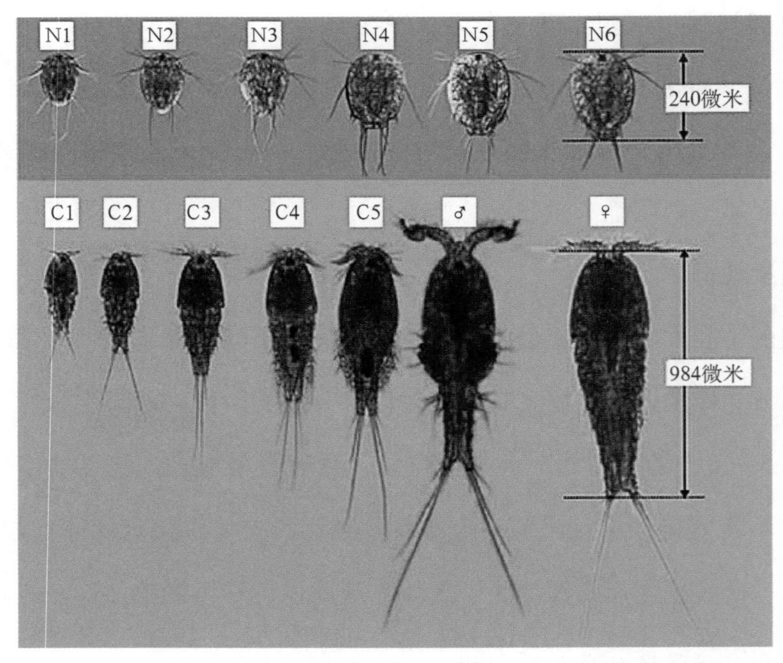

图4-61 虎斑猛水蚤生长发育各阶段形态（Raisuddin et al,2007）
N1 ～ N6 为无节幼体，C1 ～ C5 为桡足幼体

桡足类大多数生活在海洋，淡水种比海洋种要少得多。但无论在静水还是流水的淡水水域，都有桡足类的存在。桡足类在流水水域中数量少，静水水域中数量多。已经鉴定的海洋桡足类约有4 500种。按照分类原则，桡足类分为7个目，其中哲水蚤目（Calanoida）、剑水蚤目（Cyclopoida）和猛水蚤目（Harpacticoida）3个目营自由生活，在浮游动物中占据主要部分。海洋桡足类中，大多都属于猛水蚤目和哲水蚤目。三个目的鲜明区别在于第一触角和卵袋。哲水蚤第一触角很长，有25节之多，总长度超过了体长的一半，卵袋数多是1个；剑水蚤的第一触角稍短，节数不超过17节，总长度不到体长的一半，卵袋数是2个；猛水蚤第一触角最短，还不到10节，总长度也就更短了，卵袋数也多是1个。一般而言，哲水蚤营浮游生活，猛水蚤营底栖生活，剑水蚤的生活方式介于两者之间。

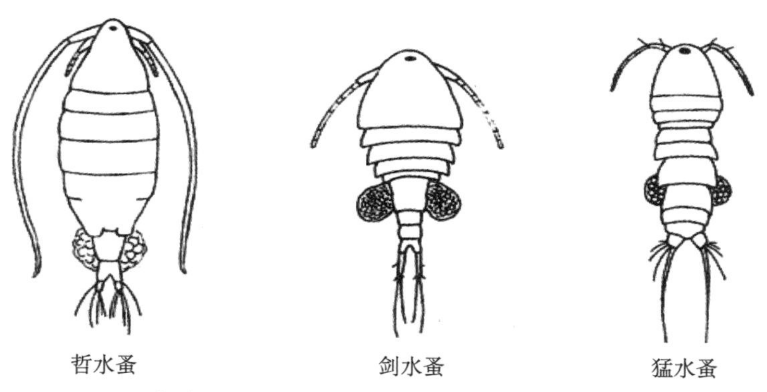

图4-62　哲水蚤、剑水蚤和猛水蚤的形态区别（Ghosh,2016）

桡足类的摄食方式分为滤食性、捕食性和杂食性三种。捕食性的桡足类甚至可以攻击鱼苗，成为渔业养殖行业的敌害生物。有些桡足类寄生在鱼苗的腮部，还有些种类是吸虫、线虫等寄生虫的中间宿主，让这些寄生虫实现传播，导致了人和动物患病。

以下是在西藏湖泊中采集到的几种桡足类。

（1）北镖水蚤（*Arctodiaptomus*）　属于哲水蚤目，镖水蚤科，在西藏湖泊调查中共发现3个种类，即新月北镖水蚤、咸水北镖水蚤和梳刺北镖水蚤。咸水北镖水蚤的形态特征是雄体执握肢倒数第3节外末角具有长的尖刺，而后两种的没有直刺，新月北镖水蚤的为透明膜，梳刺北镖水蚤则为锯齿状膜。新月北镖水蚤多见于西藏、青海高寒湖泊河流中，咸水北镖水蚤和梳刺北镖水蚤多见于西藏、青海、内蒙古、宁夏、新疆等地的高寒盐湖中。

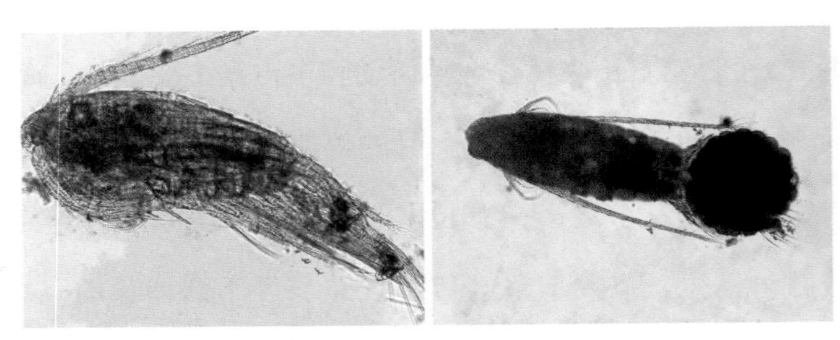

图4-63　新月北镖水蚤（*A. stewartianus* Brehm,1924）

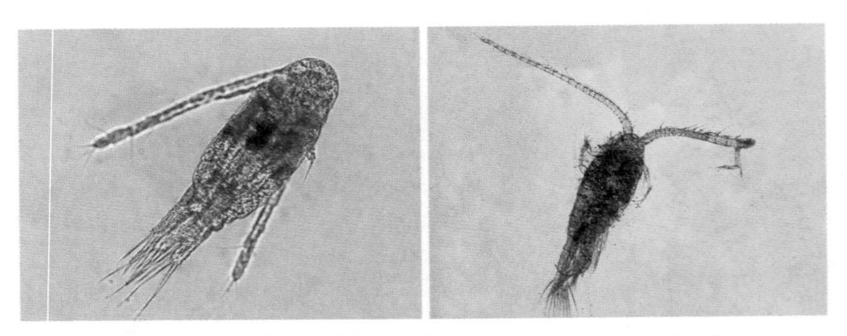

图4-64　咸水北镖水蚤（*A. salinus* Daday,1885）

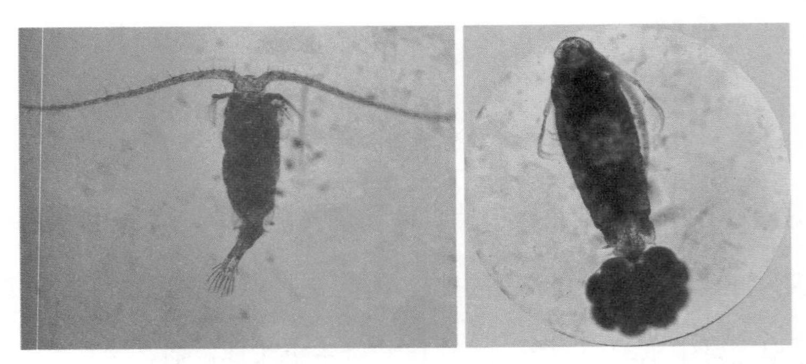

图4-65　梳刺北镖水蚤（*A. altissimus pectinatus* Shen et Sung,1965）

（2）后镖水蚤（*Metadiaptomus*）　属于哲水蚤目，镖水蚤科，在西藏湖泊调查中发现的是亚洲后镖水蚤，该种多见于高氯性和碱性水体，在新疆、山西等地可见，在西藏多个湖泊中均有分布。

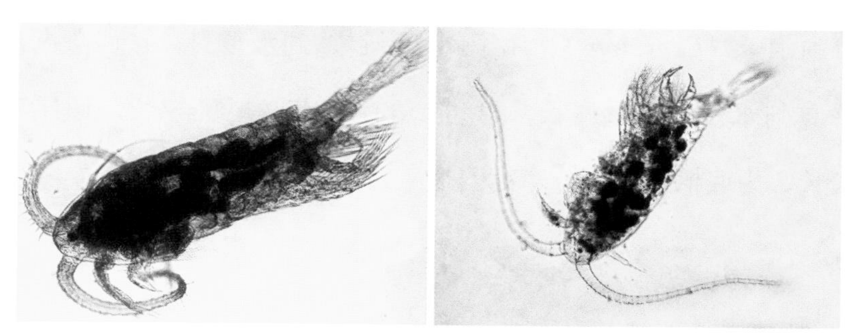

图4-66　亚洲后镖水蚤（*M. asiaticus* Uljanin,1875）

（3）剑水蚤（*Cyclops*）　属于剑水蚤目，剑水蚤科，多分布于淡水，在西藏湖泊调查中发现了2个种类，即近邻剑水蚤和英勇剑水蚤，特征是第一触角有17节，尾叉窄长，两者的显著区别是雌体第4、5胸节后侧角，前者较宽锐，后者较窄钝；第1～4胸足外肢第3节刺式，前者为2-3-3-3，而后者为3-4-3-3。

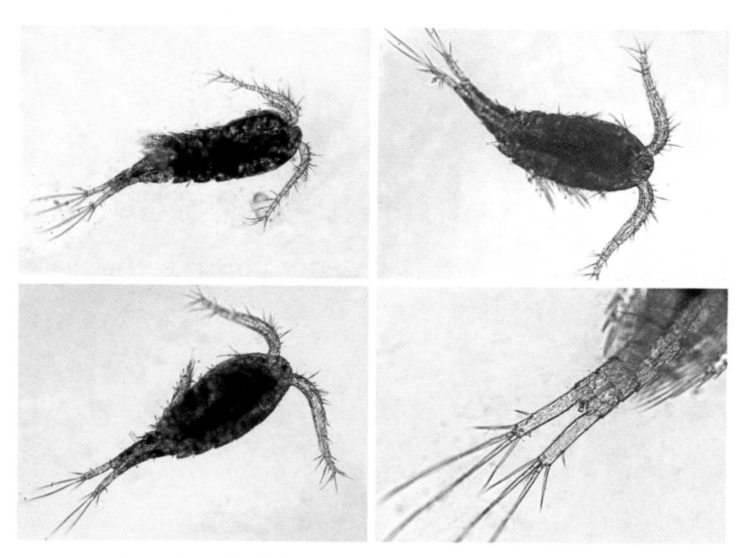

图4-67　近邻剑水蚤（*C. vicinus* Uljanin,1875）

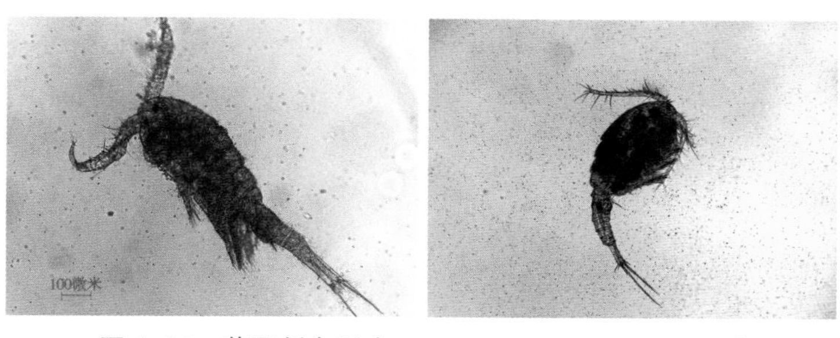

图4-68　英勇剑水蚤（*C. strenuous* Fishcher,1851）

（4）真剑水蚤（*Eucyclops*） 属于剑水蚤目，剑水蚤科，在西藏湖泊调查中发现的是锯缘真剑水蚤，体形瘦长，第1触角有12节，尾叉窄长，侧尾毛细小，第2、3尾毛较长，为底栖种类，分布范围很广。

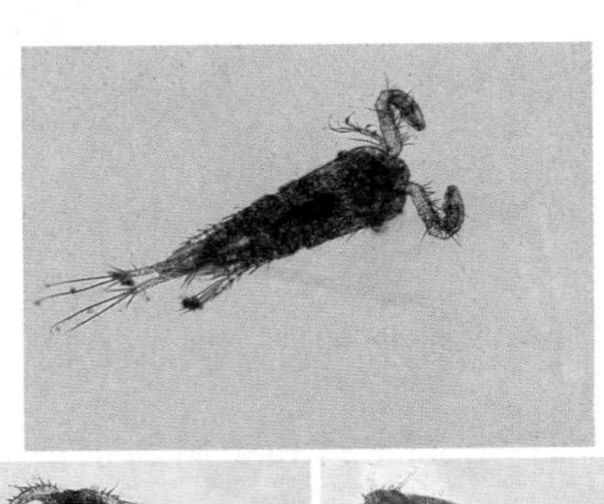

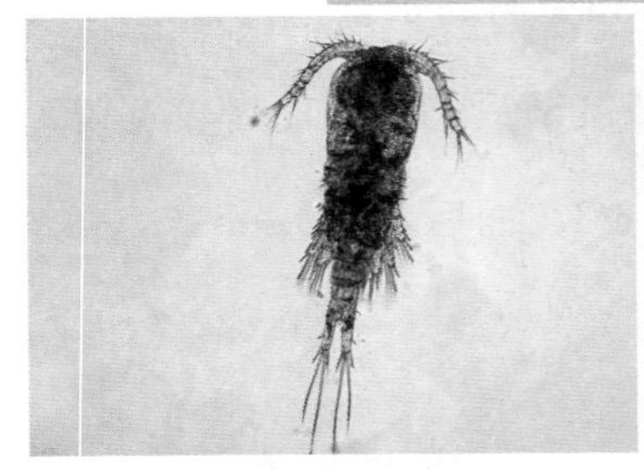

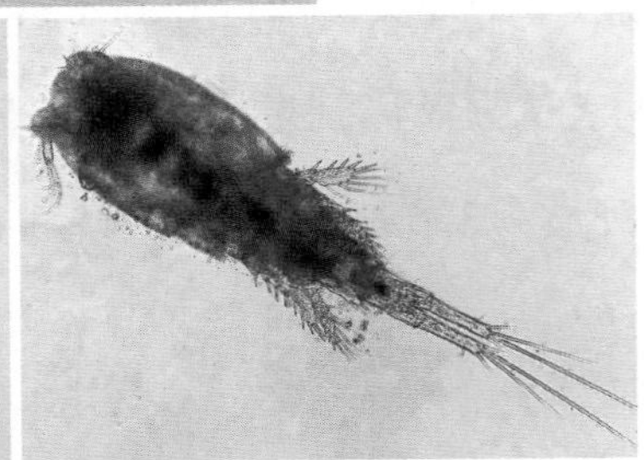

图4-69 锯缘真剑水蚤（*E. serrulatus* Fischer,1851）

（5）小剑水蚤（*Microcyclops*） 属于剑水蚤目，剑水蚤科，在西藏湖泊调查中发现的是扁平小剑水蚤，第1触角有11节，尾叉长度不及宽度的3.5倍。该种分布较广。

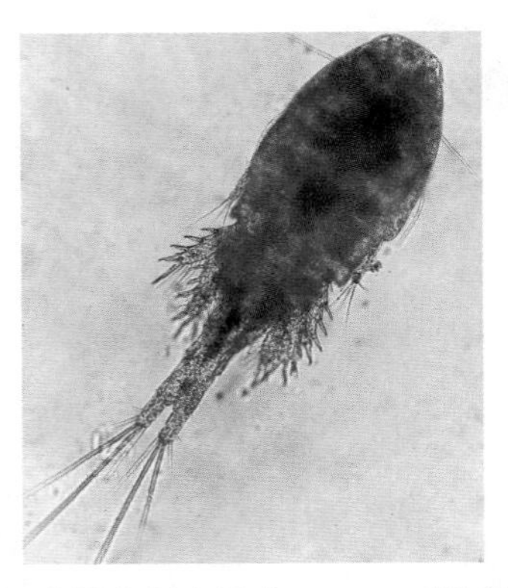

图4-70 扁平小剑水蚤（*M. uenoi* Kiefer,1937）

（6）咸水剑水蚤（*Halicuclops*） 属于剑水蚤目，剑水蚤科，在西藏湖泊调查中发现的是中华咸水剑水蚤，特征是体小型，第1触角有6节，尾叉短小，第3尾毛为第2尾毛的2倍。

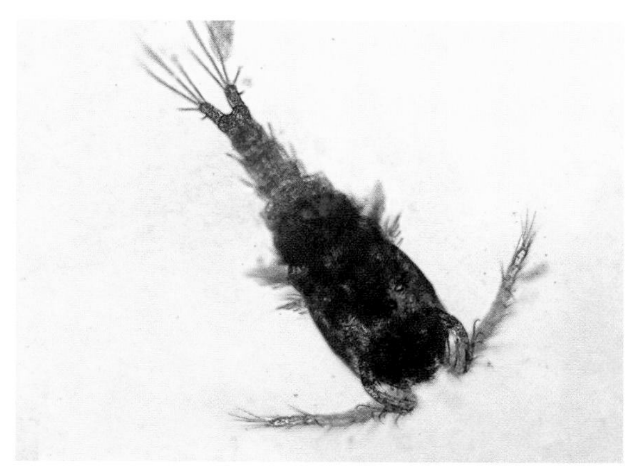

图4-71 中华咸水剑水蚤（*H. sinensis* Kiefer,1913）

（7）异剑水蚤（*Apocyclops*） 属于剑水蚤目，剑水蚤科，在西藏湖泊调查中发现的是短角异剑水蚤，体长不及1毫米，第1触角有11节，尾叉长度不及宽度的6倍。该种生活在低盐度海水中。

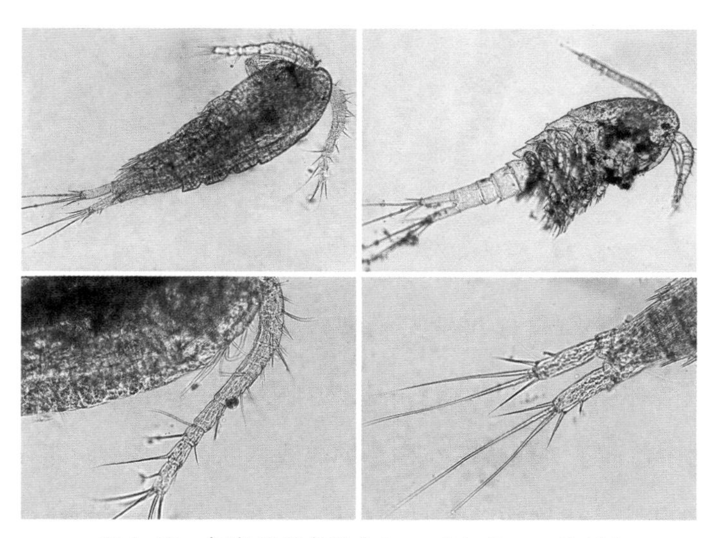

图4-72 短角异剑水蚤（*A. royi* Lindberg,1940）

（8）角猛水蚤（*Cletocamptus*） 属于猛水蚤目，短角猛水蚤科，在西藏湖泊调查中发现2个种类，即后进角猛水蚤和沿岸角猛水蚤。二者前体部与后体部近等宽，第1触角有6节，第1胸足内肢第1节有1刚毛；区别是前者第1胸足内肢2节较外肢3节长，后者内肢短而外肢长。二者多见于高氯性和碱性水体，在新疆、山西等地均可见。

图4-73　后进角猛水蚤（*C. retrogressus* Schmankewitsch, 1875）

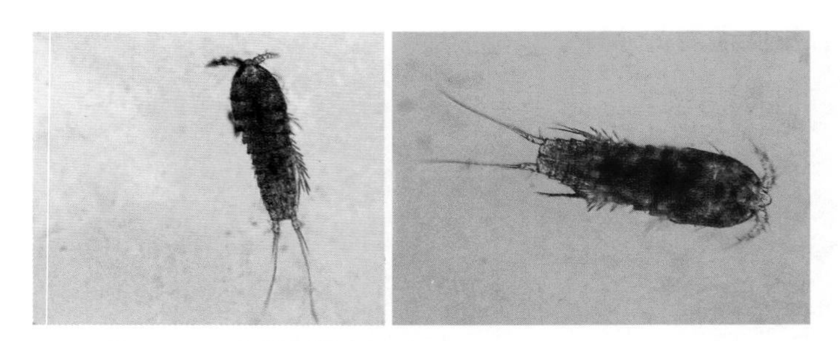

图4-74　沿岸角猛水蚤（*C. dertersi* Richard, 1897）

桡足类在全世界大约有11 000多种，是浮游动物大家族中的重要成员，占海洋中型浮游动物总生物量的80%以上。作为海洋鱼类幼体时期的主要食物，桡足类在海洋食物网中扮演了关键角色。桡足类流线型的苗条身材，不仅有助于在水中游动寻找心仪的异性，还能在关键时刻帮助它们逃脱捕食者的捕食。2012年，美国得克萨斯大学海洋科学研究院的布拉德·基梅尔博士利用高速摄像机，在野外和室内捕捉到了两种桡足类跳出水面躲避危险的景象。这项研究发表在*Proceedings of the Royal Society B: Biological Sciences*上，这两种桡足类分别是美丽异角水蚤（*Anomalocera ornata*）和夏眠唇角水蚤（*Labidocera aestiva*），都属于角水蚤科

(Pontellidae)。

研究发现，美丽异角水蚤在受到鲻（*Mugil cephalus*）幼鱼的攻击时，身体从水下一跃而起就摆脱了敌人，留下一脸茫然的鲻鱼“在水中凌乱”。美丽异角水蚤的体长为2.5～3.1毫米，而在空中跳跃的水平距离平均为80毫米，最远距离甚至达到了170毫米！按照平均距离计算，美丽异角水蚤的跳跃距离约为自身体长的40倍，为幼年鲻鱼的体长（平均体长为24.2毫米）的3.4倍。美丽异角水蚤在空气中跳跃的最大速度能够达到890毫米/秒，而整个逃脱过程的平均速度约为660毫米/秒。在89次记录中，只有一次在逃避过程中引起了同一条鱼的重复攻击。换句话说，这种跳跃求生行为非常有效，可以彻底摆脱敌人的追捕！

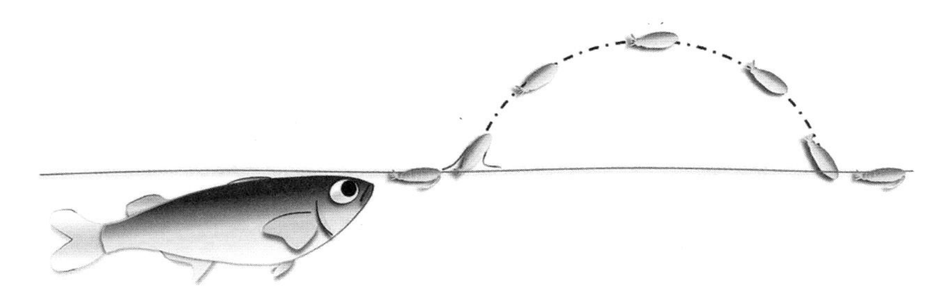

图4-75　美丽异角水蚤跃出水面躲避攻击（Gemmell et al,2012）

夏眠唇角水蚤也属于角水蚤科，但个头比美丽异角水蚤小，体长有1.8～2.0毫米，平时生活在水面下40毫米以内的深度，受到刺激时就会跳跃出来。在实验室中，科研人员使用闪光刺激，使其产生跳跃逃脱反应，利用高速摄像机记录下它的跳跃行为。研究发现，夏眠唇角水蚤在空中的最大速度能够达到630毫米/秒，明显低于美丽异角水蚤。夏眠唇角水蚤能够跃出水面60毫米高，距离出水点达到76毫米，但是平均水平移动距离却只有短短的16毫米。换言之，大块头的美丽异角水蚤是跳远能手，而小个子的夏眠唇角水蚤则是跳高健将。更有趣的是，夏眠唇角水蚤冲破水面之后会在空中旋转，甚至可以达到每秒旋转45 000°，也就是7 500转/分钟！这本事如果用在花样滑冰的赛场上肯定技惊四座，羽生结弦之类的选手在它面前根本是望尘莫及。

那么，桡足类可不可以通过在水下游泳逃生呢？为了躲避捕食者的捕食，桡足类必须脱离对方的感知范围。据估算，桡足类在水下每次“冲刺”，都会窜出1～2倍于体长的距离。对于角水蚤来说，这一数值为2～6毫米，但即使很小的鱼也能感知到至少10毫米以外的猎物。因此，如果角水蚤想要逃脱，就需要连续多次冲刺，才能有望成功。相比之下，仅需一次空中跳跃就能飞跃几十甚至上百毫米的距离，反而更加节省能量，何乐而不为呢？我跳故我在！

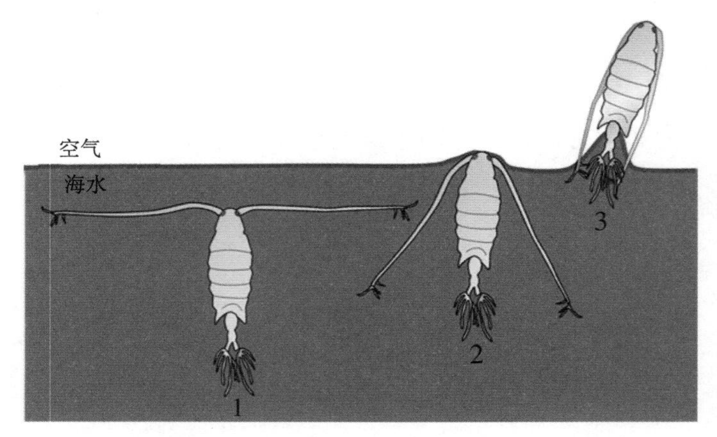

图4-76　夏眠唇角水蚤跃出水面躲避攻击（Gemmell et al,2012）

七言排律·生物多样性及其保护

生命资源林林总，群落生境紧相依。

生态过程加和入，遗物生景四分支。

龙生九子子各异，个体异质遗传基。

三十年看江东水，四十载观河西溪。

生态多样景观变，千差万别物种集。

直接间接价值用，衣食住行均非离。

潜在价值将来使，存在合理莫稀奇。

保护生命钻科技，匹夫有责教育吉。

国际公约需遵守，法律法规要记依。

自然区围就地保，人工馆园迁地齐。

种质资源原良场，开发有序万世期。

CHAPTER 5 感恩馈赠——守护自然之宝藏

5.1 人类、自然与生物资源

在我们这代人的童年，每天能够接触到的生物种类非常多。那时候，家家户户都住在砖瓦平房中，胡同口是孩子们集合的地点。盛夏时节，白天听大树上的鸟鸣蝉叫，夜晚看路灯下的飞蛾蝼蛄。有一天晚上，正在读初中的我，在院外靠近墙根的歪脖树下，竟然发现了一只涡虫。书本上扁形动物门的基本特征，就这般鲜活地展现在眼前。这条软绵绵的片状蠕虫，在我的手掌上爬出一道湿滑的轨迹，那种奇异的幸福感，是无法用言语形容的。

不是人人都喜欢跟自然走得太近，特别是跟各种各样的虫子打交道，明智的做法是敬而远之。而我们的科学工作，却偏偏要去寻找水里的小虫，而且总是希望种类越多越好。有时候，生物种类太丰富也有弊端，蚊虫的叮咬就是其中之一。在我曾经是小小孩的时候，去农村的姑姥家过年。晚上睡觉的被子上，能亲眼看到一群跳蚤在“狂魔乱舞”，吓得我赶紧将头缩进了被窝。但一大早醒来，还是被咬了一身包。如果不是院儿里的那条大黄狗陪我玩儿，这个在农村的过年经历绝对是给我留下童年心理阴影的罪魁祸首。

随着城市化不断发展，大多数现代人都选择住在城市，对自然淳朴的乡村生活越来越陌生。城市生活的一个突出特征，就是人们每天能够接触的生物种类极为有限。猫和狗，无疑是城里人最熟悉的大型哺乳动物。如果还能养养鱼和遛遛鸟，那么天上飞的、地上跑的和水里游的，这三样算是齐全了。在寸土寸金的一线城市，猫狗相伴、鸟语花香和鱼儿畅游，这样看似平常的家居生活，其实可以称得上是

“轻奢”，一般人很难达到。

现代都市，本质上是钢筋水泥构筑的建筑森林，主色调是灰、冷、暗、“刚”，处处透着压抑感。然而，人来于自然，人性中保留着对自然的亲近感。当我们的眼睛看到绿色，就会自发地感到平和；当我们的视线中出现动物，就会本能地触发喜悦。儿童对生物的亲近需求显得更加强烈，也是野生动物园和水族馆的主要客人。但如今，孩子们出生后见到的最多的东西可能就是汽车。大概是受到社会生活环境的影响吧，男孩儿往往都喜欢汽车玩具，而女孩则抱着毛绒玩偶，去体会那种本来是应该跟动物拥抱时，才会传递出的温馨感。

《寂静的春天》这部名著，讲述了美国现代农业中大量使用农药后，导致自然生物群落结构遭受毁灭性打击。渐渐地，人们发现不再有鸟儿和虫儿的叫声，春天变得一片死寂。事实上，只要细细回味，我们的生活又何尝不是如此这般变化着呢？如今，我们已经很难找到一只跳蚤，更不要提在眼前欣赏一大群跳蚤为即将开始的吸血派对兴奋地狂舞了。自然的声音减少了，机器的噪音增多了。但是，我们来自于自然的这副身体，真的准备好了吗？

超市里经常能够见到益生菌奶制品。益生菌（probiotics）的概念，从被创造出来到深入人心，并没有花费多少时间。根据经典的说辞，坚持喝益生菌奶制品，有助于改善胃肠道菌群环境，维持菌群结构平衡，提高人体免疫能力，从而促进人体的整体健康。有严谨的科普节目，已经向公众揭露了益生菌奶制品仅仅是一个商业炒作的概念，因为标称的菌含量根本无法达到宣称的功效。然而，这并不影响人们的购买意愿。从直观上来看，花小钱为自己的健康投保，何乐而不为呢？但实际上，或许还有更深层次的社会心理在起作用。

近年来，科学界逐渐认识到，微生物跟人体之间的关系，远比想象中更加复杂。我们的身体，就是一个超大的生态系统，各种微生物都寄居在其中，彼此形成了令人难以搞清楚的共生关系，而且其数量占到人体全部细胞总数的90%以上。从数量上来说，与其认为人体是一个人类细胞的小宇宙，还不如说是一个由多种微生物构成的大乐园。现代生活的一个最主要变化，是我们身体中的微生物多样性大大不如从前了，从而导致了疾病谱向着全新的方向演变。讽刺的是，导致这一结果的原因，竟然是为了追求健康。我们似乎陷入了衔尾蛇的怪圈。

在《消失的微生物》一书中，马丁·布莱泽博士列举了大量的科学发现，向人们讲述了微生物在宏观人体世界中扮演的重要角色。自然分娩为何会带来种种好处、剖宫产和抗生素滥用导致家族“菌脉”的丢失、儿童的各类过敏症状越来越常见……这些都是微观世界的微生物对宏观世界的人体造成的影响。有人简单地将微生物多样性水平的下降归结为现代生活方式“太干净了”，这又是一个误区。干净卫生并没有错，事实上它大大提高了人类的平均寿命。需要警惕的是那些消灭微生物多样性的“大规模杀伤性武器”，比如以抗生素滥用为代表的过度医疗。可喜的是，人们已经意识到了问题的严重性，并且更加注重从微观与宏观两个世界之间的关联寻找解决方案。

2020年12月，*Nature Communication* 刊发了一篇文章，介绍了内源性大麻素系统介导肠道菌群对小鼠抑郁样行为的影响。这项研究表明，在通过轻度压力诱导小鼠罹患抑郁症的过程中，发现压力会导致小鼠的肠道菌群失调，影响脂肪酸代谢，抑制内源性大麻素信号的激活，从而抑制小鼠的海马神经发生，由此引发了抑郁。如果恢复内源性大麻素信号或者补充特定菌株调节肠道菌群结构，就可以缓解小鼠的抑郁样行为。这说明通过饮食补充益生菌，或许可以作为抑郁症的潜在治疗手段。近几年经常有报导提到，医生用健康人的“粑粑”提取肠道菌群，将其移植到严重腹泻的病人体内，治好了顽固的长期腹泻或者手术后的感染性腹泻。俗话说“钱难挣，屎难吃”。如果是含有健康细菌的屎，只要科学合理加以利用，“味道”还是相当不错的呢。这些源源不断的科学发现在社会大众间传播，可能正是人们愿意购买益生菌奶制品的心理诱因吧，尽管大多数产品仅仅起到了安慰剂的作用。

吃饭能维持健康，就不要去吃药。这是几乎所有营养学家和医生一致认可的观点。民以食为天。吃，是中国人的头等大事。一个有趣的现象是，每天中午吃饭之前，中国知网平台的文献下载量就会骤降，唯一合理的解释就是导师和学生们都放下了科研工作，急着去食堂吃饭了。生物资源是自然资源的有机组成部分，包括一切植物、动物和微生物及其构成的生物群落。而生物资源在人类社会中最活跃最重要的体现，就是人们的日常饮食与医药健康。肉、蛋、奶、水果、蔬菜、主粮、杂粮、坚果，这些都是与我们息息相关的生物资源。近些年备受欢迎的农家乐采摘体验活动，已经说明人们是多么渴望了解各种生物资源的起源了。四体不勤五谷不分的圣贤们可能没想到，文明演变到更加现代化的今天，竟然出现了原始自然力量的回归。

生物资源除了会以食物形式直接进入厨房，还会以让人觉察不到的隐秘形式进入寻常百姓的生活。钙片、复合维生素、辅酶Q10等，在本质上它们都是生物资源深加工的产物。生物资源一旦变成高端商品，其附加值要远远超过生物原料本身，并且创造了大量的就业机会。我在攻读博士学位期间，研究了一种叫做吡咯喹啉醌（pyrroloquinoline quinone，简称PQQ）的小分子醌类化合物。它是一种由革兰氏阴性菌合成的天然活性物质，在各种植物、动物以及人体内都发现了极微量的PQQ。而人体中的PQQ，主要来自日常饮食。

PQQ具有刺激微生物、植物、动物以及人体细胞快速生长的作用，是动物生长、发育和繁殖所必需的营养因子。PQQ能够清除生物体内多余的自由基，保护机体免受氧化损伤。在神经营养和保护方面，研究发现PQQ不仅能够促进神经生长因子NGF的合成，从而促进被切断的坐骨神经再生，还可以有效防治帕金森症和阿尔茨海默病，改善人的学习和记忆能力。更有趣的是，2004年6月17日，《法兰克福汇报》报导，科学家借助安装在美国“星尘”号探测器上的一种新型光谱仪发现，威尔德二号彗星尘埃中竟然存在PQQ！曾在德国马克斯·普朗克科学促进协会高空大气物理学研究所工作的彗星研究专家约亨·基塞勒推测，PQQ与其他许多分子随着彗星尘埃在几十亿年前抵达地球，它们促使含氮和碳的化合物产生了基因构件。在与水和其他因素的共同作用下，生命可能由此产生，而PQQ本身可能是在宇宙射线作用下由矿物颗粒表面存在的分子产生的。这一发现进一步佐证了彗星星尘带来的有机分子帮助地球产生生命的假说。

2012年，PQQ作为保健食品开始商业化。当时在国内尚无购买渠道，我委托在美国读书的朋友邮寄了一瓶。过了几年，PQQ在国内的互联网电商平台已经公开销售。品种类型之多，令我大为吃惊。其中，也赫然出现了当年我托朋友寄回来的那款产品。在我通过科普文章向公众介绍这种天然生物资源后，就经常收到来自读者的邮件，咨询有关PQQ的各种事情。其中，也不乏从事研发工作的专业人士。可见，充分发掘利用各类生物资源，是一件利国利民的好事。

水，是自然资源的重要形式之一。水本身又是生命之源，地球上的第一个生命体就出现在原始海洋中。尽管人类是完全适应陆地生活的物种，但是对水环境中蕴藏的生物资源却依赖度极高。鱼类，作为脊椎动物中数量最庞大的类群，为人类提供了丰富的优质蛋白质资源。捕鱼活动是跟作物耕种和畜禽圈养同样古老的农业活动。《周易・系辞》有云："古者包牺氏……做结绳而为网罟（gǔ），以佃以渔……"佃是打猎，渔是捕鱼，结绳为网来打猎捕鱼，而包牺氏就是伏羲。可见，渔业的祖师爷非伏羲莫属。为了降低看老天爷脸色吃鱼的风险，人们又发展出了水产养殖技术，直至如今的现代工业设施化水产养殖，可以完全实现室内工厂化养殖，同时也减轻了对天然渔业资源的捕捞压力。但即使如此，轮虫、枝角类、桡足类等天然生物饵料资源，依然是水产行业育苗期难以替代的优质饵料。

水生生物资源的商业化开发现已日益成熟。发菜是我国的特色产品，其实就是发状念珠藻的商业化利用。著名的螺旋藻是微藻中开发最早的藻类之一，是大规模工业化生产微藻类产品中的典范。螺旋藻是蓝藻中的颤藻目螺旋藻属的藻类，约有30多个种类，主要生活在湖泊中。商业化的螺旋藻主要是钝顶螺旋藻（*Arthrospira platensis*）和极大螺旋藻（*Arthrospira maxima*）。螺旋藻含有高质量的蛋白质、γ-亚麻酸的脂肪酸、类胡萝卜素、维生素以及多种微量元素如铁、碘、硒、锌等。而

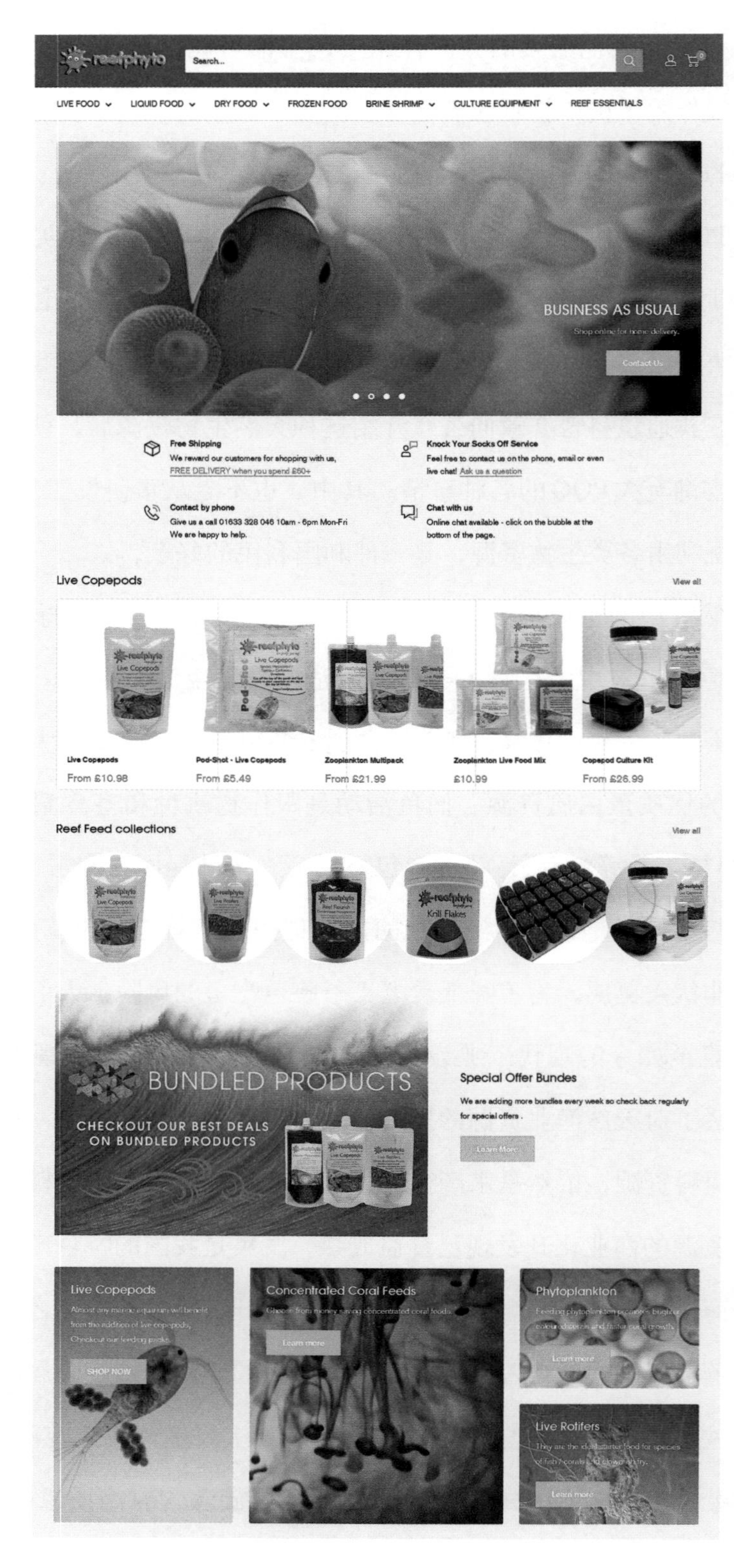

图5-1　浮游动物天然生物饵料商业化产品

日本研发的小球藻破壁技术，让小球藻中的营养成分可以更充分地被人体消化吸收，使小球藻在日本成为家喻户晓的保健食品。小球藻是单细胞绿藻商业化的成功典范，而人们对多细胞绿藻的开发利用却远远不够。

礁膜就是一种深受人们喜爱的绿藻食物，俗称“下锅烂”，各地叫法不一，比如：石菜、蛇被（福建），大本青苔菜（中国台湾），由菜、绿苔（广东），青苔菜、塔膜菜、绿紫菜（日本）等。礁膜在我国广泛分布于辽宁、山东、浙江、福建、台湾、广东、海南等地的静水内湾潮间带区域，生长期为12 月至翌年5月，盛期是3—4月。每年，当春寒料峭的北方地区玉兰花刚刚绽放的时候，就是礁膜上市的最佳时期。

礁膜（*Monostroma*）是绿藻门（Chlorophyta），石莼纲（Ulvophyceae），丝藻目（Ulotrichales），礁膜科（Monostromaceae）的一个属。“mono”来自希腊语，意为“单一的”，“stroma”来自拉丁语，意为“层”。顾名思义，礁膜的名字就是“单层”的意思，一语道破了它的生物学特点。

礁膜和石莼长得很像，但是礁膜藻体的细胞是单层分布的，因此显得极为轻薄透明，下到滚开的沸水中瞬间就烂糊了，所以才有了“下锅烂”的江湖绰号。相比之下，它的远亲石莼的身体要结实得多，藻体细胞层叠分布，摸起来的手感更加厚实。礁膜和石莼也是平行进化的典型代表，受到藻类进化生物学家的关注。

换言之，两者拥有共同的祖先，但在分类等级上从石莼纲后开始分道扬镳，石莼走向了石莼目（Ulvales），礁膜走向了丝藻目（Ulotrichales），然后各自演化出不同的属。一个走阳关道，一个过独木桥，貌似井水不犯河水，但两者却为了适应相似的环境，进化出了近乎相同的适应表现，这种现象被称为平行进化。石莼纲藻类绝大多数都生活在海洋，几乎涵盖了已知的全部绿海藻。

礁膜是海藻中味道最鲜美、口感最润滑的种类之一，做汤是最常见的食用方法，闽南一带用油煎的礁膜做春饼的调味品，山东沿海地区则常和玉米粉做饼，也会用它拌肉馅蒸包子。礁膜除了鲜食，也可晾干贮存食用。在日本，礁膜是制作紫菜酱的主要原料。它的蛋白质、碳水化合物含量较高，并含有多种维生素和人体必需的矿物质元素，有很高的营养价值。此外，礁膜性味咸寒，具有清热化痰、利水解毒、软坚散结的功效，可用于治疗喉炎、咳嗽痰结、水肿等，还有降低人体内胆固醇含量的作用。礁膜还含有丰富的海藻多糖，使其具有较好的抗氧化性、抗凝血活性、抗病毒作用等，是一种开发潜力较大的海洋药物资源。由于其应用前景好，国内外学者纷纷投入力量，对礁膜多糖尤其是硫酸多糖及其寡糖的提取、纯化和药用活性做了很多研究。

日本、韩国等国家早在几十年前就开始了礁膜的栽培，喜田和四郎较早完成了整个宽礁膜（*M. latissimum*）的人工育苗，礁膜的产业化已比较完善，人工栽培技术处于领先水平。日本礁膜的年产量已超过3 000吨（干品），但这个产量远远不能满足日本的国民需求，需要从中国进口。

中国已进入产业化栽培的海藻只有2 个门共计8 个种类，即异鞭藻门褐藻纲的海带、裙带菜、羊栖菜，红藻门的紫菜、江蓠、麒麟菜、红毛菜、石花菜。褐藻和红藻已成为中国海藻行业中的领军产业，而且我国海带、紫菜（条斑紫菜和坛紫菜）在全世界的产量均列第一位。

然而，绿藻的开发在我国尚处于起步阶段，这与我国丰富的绿藻资源相比实在是反差太大了。通过在野生礁膜的产地进行网帘附苗，然后移到池塘里栽培，浙江已成功进行了小规模的礁膜产业化试栽。针对礁膜的原生质体的分化与发育、人工育苗等工作，在我国也已经开始起步，为礁膜的人工栽培提供了更多宝贵的资料。随着市场知名度和需求量的增加，科研机构和企业中会有更多意愿开展与礁膜相关的研究与生产，有望使中国绿藻产业逐步繁荣起来。

大自然是一座蕴藏着各类珍宝的宝库，生物资源就是这些珍宝中最生动的类型。唯有感恩自然的馈赠，保护生物多样性资源，构建正确的人与自然的关系，才能实现永续发展的和谐与幸福。

5.2 生物多样性的保护价值

人类无论从事什么科学活动，归根结底都是为了服务人类自身，自然资源调查更是如此。生命历经几十亿年的漫长进化，成就了如今的生物多样性现象。它是地球生态系统的构成元素，也是人类社会能够存在和发展的物质基础。生物资源的可持续利用，要以对生物多样性的保护为前提。在我看来，多样性比生物更重要。由于自然群落中的物种通过食物链形成了错综复杂的关系网，过度开发利用某种生物资源，往往会引起一系列的营养级联反应，严重的话甚至会造成生态灾难。竭泽而渔，焚林而猎，实在是短视之举。

海獭（*Enhydra lutris*）是鼬科海獭属的一种动物，分布于北太平洋的寒冷水域。它是哺乳动物中，除了灵长类之外，唯一会使用工具的动物。海獭喜欢收集平整的石块，一旦发现了令它满意的石块，就放进腋下的穴袋里随身带着，有时还会拿出来高高举起，向同伴炫耀。如果不小心弄丢了，它会十分沮丧甚至不思茶饭。水族馆中的海獭，会举着石头敲打玻璃墙，弄出了很多划痕，导致游客看不清里面的情景。它们为什么这么喜欢石头呢？因为海獭的野生食物是海胆，石头是用来敲开海胆坚硬外壳的餐具。干饭的时候，海獭就仰卧在水面，将捡来的海胆摆放在肚皮餐桌上，石头相当于菜板，将海胆在菜板上砸裂，就可以享用美味的海胆黄了。

海獭皮下脂肪少，又生活在寒冷的水中，每天需要吃相当于体重20%～30%的食物来维持体温，在育儿期食量会翻倍。海獭手掌中没有汗毛，觉得冻手的时候就用嘴哈气或者用眼睛捂一捂。睡觉时为了不被海水冲走，就用海藻把自己捆上，或者互相手拉手睡觉。在这样严酷的环境下生存，海胆为海獭解决了温饱问题。位于阿拉斯加西南部阿留申群岛上的北方海獭，其种群数量在1911年因为美国政府禁止为了毛皮贸易猎杀海獭而获得了恢复。但从20世纪90年代中期开始，海獭的数量却莫名其妙地下降了，局部地区的种群规模甚至减少了90%。海獭数量的减少，让海胆的数量开始剧增。而海胆主要摄食大型海藻，结果导致海藻被大量消耗，破坏了“海藻森林”的结构，使得栖息在这里的鱼类、甲壳类和其他软体动物无家可归。显然，海獭是群落中的关键物种，一旦它的种群规模发生巨大变化，就会引起连锁反应。问题是，为何海獭会突然消失呢？人们发现，原本跟海獭相安无事生活在这片水域的逆戟鲸，变得经常以海獭为食了。原因是逆戟鲸喜欢吃的海豹和海狮数量减少，导致饥饿的逆戟鲸不得不转而捕食体型更小的海獭。科学家推测，过度捕捞严重耗竭了北太平洋的鱼类资源，这是导致海豹和海狮数量减少的主要原因。人类，毫无意外地又成了这场生态灾难的始作俑者。由此可见，保护生物多样性和维持生态平衡，并非看上去那么简单。自然界的物种那么多，究竟哪些物种值得着力保护，是需要认真权衡考虑的。

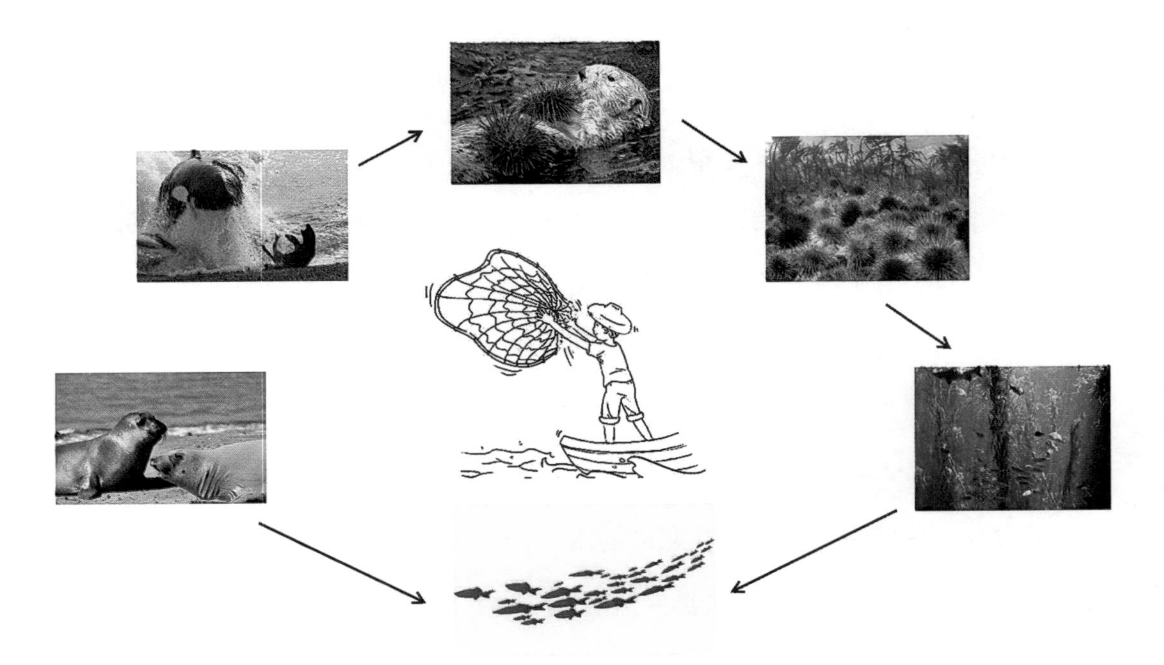

图5-2　过度捕捞鱼类资源导致关键种——海獭种群规模降低引发营养级联反应

生物多样性的保护价值，可以大致分为直接价值和间接价值两大类。除此之外，某些特殊的物种还具有存在价值与备择价值。直接价值是指生物资源被人们直接收获使用所产生的价值，包括消耗性的使用价值和生产性的使用价值。

消耗性的使用价值是指那些不进入市场流通环节，直接被就地消费的自然产品的价值，这部分价值一般不出现在GDP中。举例来说，大多数发展中国家偏远地区的居民，仍然就地取材获得蔬菜、水果、肉食、草药、薪柴、建材等，过着靠山吃山、靠水吃水的自然生活，这就是直接消耗性的使用价值。这部分价值在经济上难以估算。只有当这些生物资源消耗殆尽或者受到政策保护不允许获取时，当地人就不得不从市场上购买，这时候所付出的费用才可以用来计算该产品的消耗性使用价值。通常来说，人们需要付出更高的价钱去购买，以补偿中间环节额外产生的人工成本。

生产性的使用价值是指生物资源以产品形式进入国内外市场并公开销售所产生的价值，几乎所有的生物资源都能以各种方式表现其生产性的使用价值。按照类别，我们可以将这些生物资源划分为食品、药品、木材、纺织品、燃料等。

例如食品，世界上90%的食物来源于20个物种。目前，人类所需粮食的75%是来自小麦、水稻、玉米、马铃薯、大麦、甘薯和木薯7种作物，前三种又占了总产量的70%以上，即所谓的三大粮食作物。一个不为人知的食品秘闻是，尽管小麦和水稻是人们的主粮，可以制成了人们日常饮食中的白面和大米，但玉米却是可以极大丰富食品类型的主要角色。毫不夸张地说，超市里看似琳琅满目的各类食品，几乎都要使用玉米深加工后的产品才能生产出来。假如让玉米从地球上消失，超市里的货品类型会减少八成。通过在遗传育种和化肥农药方面的双重努力，三大粮食作物都已经实现了高产。发达国家将粮食作物出口，为欠发达地区解决了吃饭问题。然而，粮食问题依然是摆在人类面前的一大难题。特别是在全球气候变化之下，粮食耕种面临更大的变数与挑战。于是，在粮食作物中排名第四的土豆受到了重视，其地位日渐增高。

土豆（马铃薯）原产于秘鲁，可在任何海拔高度和气候条件下生长，比小麦、水稻和玉米用地更少、培植更简单、产量更高。土豆只需要50天就能成熟，每公顷产量是小麦或水稻的2～4倍。这种世界最大的非谷类食品，被誉为“未来食物”，在未来全球粮食系统中占据极其重要的位置。联合国将2008年命名为“国际土豆年”，并把土豆称为“隐藏的珍宝”。2008年3月25日，联合国粮食及农业组织和国际马铃薯中心共同主办了国际马铃薯会议。2016年2月23日，中国农业部发布《关于推进马铃薯产业开发的指导意见》，将马铃薯作为主粮产品进行产业化开发。目前，马铃薯已经成为我国战略储备粮食之一。

既然如此，是不是只要保护主要粮食作物就可以了呢？当然不行。生物多样性保护工作的重要内容之一，就是保护生物资源中的野生资源。野生种类是驯化或栽培物种的重要遗传材料，这就是所谓的种质资源。家禽家畜的遗传育种工作，也都离不开野生近缘种。从生态学角度而言，一个生态系统的物种多样性越高，其抗外界风险干扰的能力也越强。各个物种在群落内形成制衡，彼此依赖共同生存，从而形成了稳定的生态平衡。讽刺的是，人类目前利用动植物资源的生产方式，恰恰是形成了以目标物种为主的单一化结构。一望无际的麦田、稻田和玉米地，动辄几十万甚至上百万数量的猪、牛、鸡养殖场，以及趋势愈发明显的水产经济动物集约化养殖，都是人工构建起来的物种多样性极低的生态系统，其结果必然是病害的频发和随之而来的农药滥用。不仅治标不治本，还可能彻底摧毁整个产业，最终威胁到人类自身的生存。多年前，我国对虾养殖产业规模无序扩张，结果导致对虾白斑病暴发，给对虾养殖产业造成了毁灭性的打击。无奈之下，虾塘经过改造后开始养海参，才让海参产业迅速发展壮大，而海参养殖规模扩大后，由弧菌引发的腐皮病又威胁着海参养殖产业。

海南岛素有“椰岛”之称，种植了1 000多万颗椰树，每年产出3亿枚椰子，是海南当地重要的经济作物。2002年，海口市区的椰树林出现大面积枯黄死亡，经查是一种叫做椰心叶甲的外来害虫所致。在使用化学药剂杀灭效果不理想的情况下，2004年通过引入椰心叶甲的野生天敌——啮小蜂，成功消灭了椰心叶甲，保住了海南的椰子产业。2017年，厦门的棕榈科植物也遭受了椰心叶甲的攻击，通过从海南引入600万只啮小蜂化解了危机。这种利用物种间相生相克的关系实现生物防治病害的案例越来越多。可见，保护物种多样性才是实现可持续健康发展的关键，不能以短视之见仅仅关注目标物种，忽略了种间的微妙关系。

与直接价值不同，间接价值是指生物在维持生态系统平衡稳定中发挥的价值，通过生物有机体与环境要素之间的依存关系来实现。尽管间接价值难以度量计算，但其意义和作用却非同凡响。生物多样性降低，导致生物无法发挥其间接价值，其影响往往会超过在直接价值上的损失。

生物多样性创造的间接价值，首先就是生态系统创造出的生产力。无论何种生物资源，都是主要以光合作用为起点，将太阳能转化为生物化学能，以微生物和动植物的产品形式体现出来的。森林是陆地上生产力水平最高的生态系统，而热带森林正是世界上生物多样性最高的地方。显然，这并不是一个奇妙的巧合。

其次，植物群落在保持水土、涵养水源、缓冲洪水和干旱对生态系统的冲击方面，都发挥着至关重要的作用。滥砍滥伐和过度垦荒是导致水土流失和山体滑坡的主要原因。雨水未经树叶植被的缓冲作用直接落向地面，其结果是水混合着泥浆沙土流向下游低洼区域，导致河流和海洋中汇入过量的陆源物质，使土壤肥力大大丧失。严重的话，甚至会导致山体滑坡形成灾害。更可怕的是，植物的生长与地球碳循环相关联，植物群落还可以有效调节气候，但人类的不合理利用打破了这层关系，以二氧化碳为代表的温室气体引发全球气候变化，从而导致极端洪水与干旱时有发生。

再者，环境污染的治理需要生物多样性资源。从进化角度而言，污染物本身就是一个自然选择条件。即使在受污染的环境下，生物依然可以逐渐适应，因为总是有变异产生，而污染条件起到了自然选择的作用。在适者生存法则下，物种会向着污染所主导的方向演进。例如，人们已经发现在重金属砷污染的土壤中，蚯蚓的种群逐渐恢复到了污染前的水平，这些蚯蚓已经适应了土壤中高含量的重金属。塑料一直被认为是难以降解的污染物，然而科学家们却发现海鸟的肠道中出现了能够降解塑料的细菌，帮助鸟类清除肠道内的塑料垃圾。海洋酸化是一个全球都在关注的话题，它会导致珊瑚礁白化死亡，并且让贝类难以形成钙化的外壳，进而威胁到所有海洋生物的生存。但是，海洋酸化本身又是一个极为缓慢温和的过程，野外和实验室的相关研究都证实，生物体完全可以逐渐适应酸化后的海水，通过一代代繁衍生息存活下去。这些过程跟创世之初地球氧气含量因为蓝藻的出现逐渐升高，导致厌氧生物退居二线而好氧生物蓬勃发展如出一辙，前提是地球母亲的手里必须拥有足够丰富多样的生命纸牌。一旦多样性丧失了，游戏就结束了。2020年，中国森林覆盖率已达到23.04%，但需要注意的是其中大部分为恢复林区的人工林，这使得我国成为世界上最大的人工林国家。人工林并不具有天然林所具有的生态效益。天然林是极其复杂的“活系统”，人工林取代多样化程度高的天然植被，从根本上破坏了土壤的营养平衡，甚至形成了“绿色沙漠”。一旦外来物种入侵，这种单一化生态系统的脆弱程度堪比农田，其将遭受的打击是毁灭性的。

除了以上这些间接价值之外，人们的休闲度假、生态旅游、科学研究、艺术创作等，都离不开多种多样的生物资源。毫不夸张地说，离开现有的生物多样性，人类可能永远也搞不清楚自己究竟从何而来，更无法回答将来会走向何处。唯有到丰富多彩的大自然中，才能找到这些哲学层面上的终极答案。某些物种是具有所谓的“超凡能力的物种”，例如大熊猫、狮子、老虎、大象、考拉、长江江豚等，它们能极大地激发人们的保护欲望，让人们心甘情愿地掏钱确保这些物种能够存在下去，这种价值叫做存在价值，也称为内在价值。一个物种的存在价值，无须看任何实在的指标，仅仅就是值得存在而已。当然，任何事情都不是一成不变的。在保护生物多样性方面，物种数量是一个关键的衡量指标。老虎在过去被称为“大虫”，虎多成患以至伤人的事情时有发生，才有了《水浒传》中描写的打虎英雄。但如今，游客在动物园中被老虎咬死，人们却纷纷谴责人而不是老虎，这一定会令古人大感惊讶吧。所以，开玩笑地说，合情、合理、合法地吃上大熊猫肉和穿上大熊猫皮草的方法，就是大量地人工繁殖大熊猫。只要数量足够多，它一定会像澳大利亚的袋鼠一样，沦落为普通人餐桌上的一盘肉。

有时候，某些物种暂时无法确定其保护价值，或许在未来的某个时候会用得着，人类会因其具有潜在的经济价值将其保护起来，这叫做备择价值。顾名思义，就是先储备起来，以便将来在需要的时候使用。在寻找新药治疗疾病方面，这种保护现象比较明显。总而言之，人类保护生物多样性的终极目的，始终是为了人类自身的利益，并非是单纯的为了保护而保护。即使是明星物种大熊猫，我们也是为了在观赏它的时候图个乐。大熊猫是少数在成年之后依然保持幼体形态身体比例的动物之一，这种婴儿般的手、足、头特征显得非常“卡哇伊”。进食的时候，大熊猫会一屁股坐在地上，像个憨态可掬的老爷爷，那对儿标志性的黑眼圈仿佛戴了一副墨镜，让它显得更加滑稽可笑了。从生物学角度衡量，大熊猫这个物种会逐渐走向灭绝的原因是多方面的，比如食物类型太单一，明明是肉食性动物的短肠道，偏偏吃难以消化的竹叶。若是赶上几十年一次的竹子批量开花死亡，食物短缺的它们也会跟着大批饿死。大熊猫的繁殖能力也令人担忧。一年之中，仅有几天是发情期，雄性争夺配偶获胜，雌性如果对获胜者不满意，还会拒绝交配，让这场为了爱情展开的决斗“无果而终”。为了增加交配成功率，饲养员不得不从千里之外选择对象给本地个体相亲，甚至还有专门给大熊猫播放的性教育视频。不过，大熊猫作为国宝，为中国赢得了国际友好度，经常代表国家搞搞政治外交。看在它是国宝的份上，这些投入似乎是值了。

实际上，人类也并非总是那么市侩啦。作为动物界中高度进化的物种，我们人类创造了辉煌灿烂的文明，用你正在看我写出来的这些文字表达思想。即使不考虑任何直接或间接的利用价值，我们也已经认识到各个物种都是地球大家庭中的成员。从生物伦理上来说，所有物种都有存在的权利，人类又有什么特权加以剥夺呢？从自然中走出，再重回自然，我们终究是自然之子。

5.3 西藏湖泊生物资源类型

西藏的湖泊主要集中分布于藏北地区，那里也是我国湖泊密度最高的地区。美丽的高原湖泊，不仅给西藏当地带来了旅游收入，还蕴藏着丰富的生物资源。其中，受到关注较多的是盐藻、西藏拟溞、卤虫和西藏的鱼类资源。

盐藻（*Dunaliella*）又称盐生杜氏藻，是绿藻门，绿藻纲，团藻目，盐藻科下的一个属。盐藻是单细胞微型藻类，没有细胞壁，具有两根等长的鞭毛，可以自由游动。在不同生活条件下，盐藻的细胞形态会发生很大变化，因此对盐藻的分类极为困难，学术界至今争议不断。

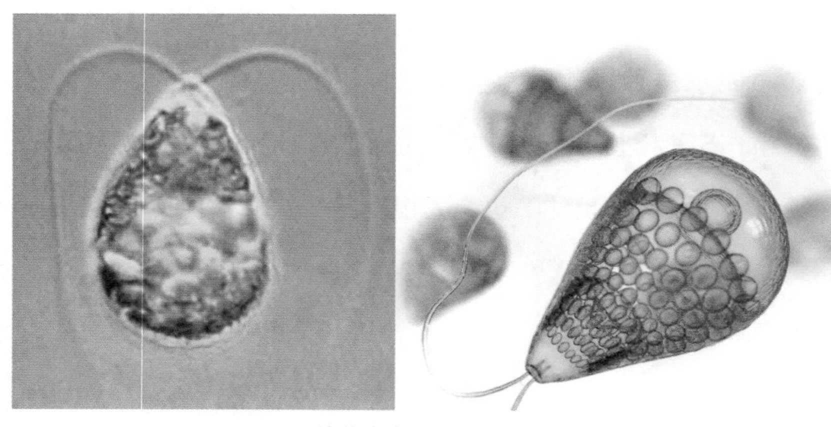

图5-3　盐藻光学显微镜下的实物图和模式图

盐藻的耐盐性极强，在盐度为20～390克/升的盐水中均可存活，低于2克/升会细胞破裂死亡，是唯一能在接近淡水至饱和盐度中生长的真核生物。盐藻富含β-胡萝卜素、蛋白质、不饱和脂肪酸和多糖等重要的营养物质，某些种类的盐藻还可以积累高含量的精细化工原料甘油。

盐藻的β-胡萝卜素含量是胡萝卜的60～160倍。胡萝卜素分为α、β、γ三种异构体形式，在人或动物体内可以转化为维生素A。其中，β-胡萝卜素的转化率高于α或γ异构体，是重要的维生素A原。盐藻不仅β-胡萝卜素含量高，还由于其培养盐度高，能够与之共存的动植物极少，十分有利于高纯度培养，即使在露天大池培养也无须担心被混种污染。盐藻在白天会上浮到水面进行光合作用，夜晚又下沉到水体深处，这种昼夜垂直运动的特性被加以利用，有助于盐藻的采收。

20世纪50年代，盐藻已经是我国水产养殖业室内培养的珍贵水产饵料，被广泛应用于海参、鲍鱼、虾类等水产动物养殖领域。盐藻没有细胞壁，容易被消化吸收，其藻粉被添加到动物饲料中，可以加快动物的生长速度，提高饲料转化率，减少疾病的发生。

1982年，中国地质科学院的郑绵平院士，在西藏的扎布耶湖发现了一种盐藻，该盐藻不仅富含β-胡萝卜素，还可以在－4℃以下的低温中存活，是适应了极寒水温条件的藻种。2013—2015年，对西藏扎布耶湖盐藻的资源调查表明，其在湖水中的最高密度达到10^8个细胞/升，生物量最高可达0.2克/升，几乎是某些盐藻生产企业室内培养浓度的10倍。

西藏拟溞（*Daphniopsis tibetana*）是一种盐水枝角类生物，主要分布在我国的西藏、青海、新疆等地，印度、尼泊尔也曾有过报道。拟溞属在世界范围内只有11个种类，即大洋洲拟溞（*Daphniopsis australis*）、智利拟溞（*D. chilensis*）、蜉蝣拟溞（*D. ephemeralis*）、马可拟溞（*D. marcahuasensis*）、小拟溞（*D. pusilla*）、方型拟溞（*D. quadrangula*）、昆士兰拟溞（*D. queenslandensis*）、斯塔德拟溞（*D. studeri*）、西藏拟溞（*D. tibetana*）、平头拟溞（*D. truncata*）和沃德拟溞（*D. wardi*），我国仅有西藏拟溞这一个种类。1903年，国外学者Sars在对亚洲中部的枝角类进行调查时，首次发现了这一种类。之后，关于它到底是归入溞属（*Daphina*）还是拟溞属（*Daphniopsis*）就开始争论不休。目前，我们依然沿用西藏拟溞的叫法。2001年，我的导师赵文教授在西藏科考过程中采集到该种，带回实验室内进行海水驯化。经过多年的野外调查和室内研究，我们掌握了关于西藏拟溞的第一手生物学资料。

西藏拟溞是一种小型甲壳类生物，体短，侧扁不分节，侧面观呈卵圆形，成体体长通常为2.2～2.9毫米。借助显微镜，雌体和雄体的形态特征可以清楚地被观察到。

在西藏的湖泊中，有西藏拟溞分布的湖泊均属于碳酸盐型，水温范围是－2～20℃，盐度范围是2.7～35克/升，pH范围是8.7～10.4，其特点是喜欢低温、耐高盐，甚至在冰下也能生存繁殖，适合在高海拔、高寒、贫营养型盐水中生活。在调查中发现，纳木错这个湖泊中的西藏拟溞资源丰富，其最高种群密度出现在8月，达到了517个/升，最低密度出现在12月，仅有2.2个/升。全年平均生物量是12.46克/立方米，生产量是420克/立方米，由此推算该湖西藏拟溞的资源量可达1.12×10^5吨/年。

西藏拟溞的氨基酸含量丰富，蛋氨酸含量最高可达3.64%，不饱和脂肪酸含量高达71.58%。尽管该溞的发育期比较长，但其耗氧率低、生殖量适中，并且能够耐受低温冷水环境，因此赵文教授从我国北方水产养殖特点出发，将该溞定位为新型水产活饵料进行研发利用。在北方养殖地区，可以在虾苗池或鱼苗池内提前两个月注水施肥喂养该溞，待到鱼苗和虾苗下塘时正值西藏拟溞生物量达到高峰，成为鱼、虾苗种育肥的优质饵料。此外，在室内大规模培养方面，我们也做了不少尝试，积累了宝贵的培养经验。西藏拟溞在藏北湖泊中的资源储备丰富，如果在西藏就地发展本土优质鱼类养殖，该溞更是能够发挥无可比拟的饵料价值。

在我看来，西藏拟溞最有价值的部分却是“西藏”二字。几乎所有第一眼见到它的人，都会被它那身黑色的外衣所吸引。西藏的光照特别强烈，西藏湖泊水面反射的光照强度远高于低海拔湖泊。当太阳光照射到水面时，受到水面反射和水体内漫散射的影响，光照强度会随着水深迅速衰减，导致水面几米以下就变得黯淡无光。而浮游植物需要进行光合作用，往往都集中在表层有光的地方。因此，以浮游植物为食的西藏拟溞为了填饱肚子，不得不追随食物的脚步游到充满阳光的水层就餐，从而将自己暴露在强紫外线照射下，随时面临因体内自由基增加而导致死亡的风险。为了生存，西藏拟溞发扬了“一不怕冷、二不怕死”的精神。西藏拟溞抗紫外线的秘诀就在于那身黑色的外衣，准确地说是其壳瓣上的黑色素。其实，从藏民黝黑的肤色不难判断，他们与非洲黑色人种一样，是以黑色素抵御强烈的紫外线。西藏拟溞和人类的适应策略相似，在生理生化层面上体现了趋同进化。

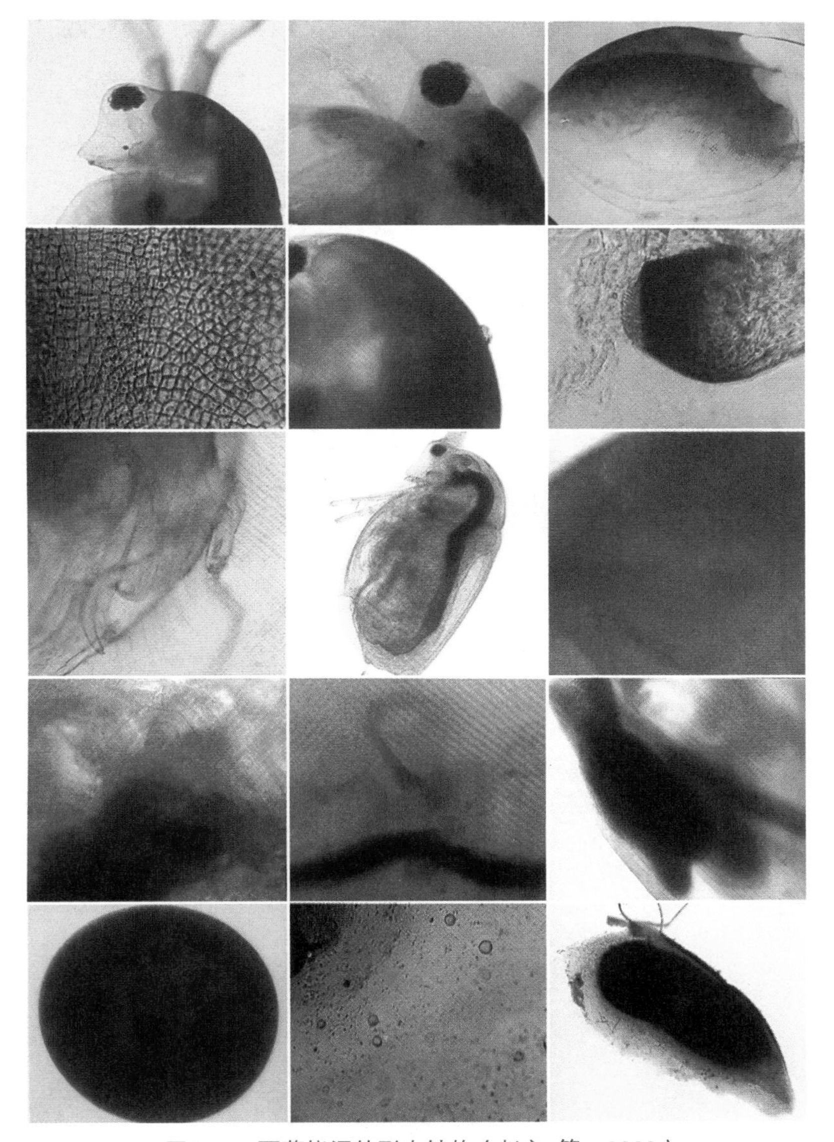

图5-4 西藏拟溞的形态结构（赵文 等，2008）

2006年的一项研究表明，1983—2003年，北温带紫外线辐射量增加了10%，而之前的研究认为，紫外线增强与浮游动物死亡率升高密切相关。为了解决这一问题，浮游动物通常会合成光保护色素，既可以作为防晒剂，又可以作为光诱导自由基的清除剂。在桡足类浮游动物中，发挥这种作用的色素是类胡萝卜素和类菌胞素

氨基酸 (mycosporine-like amino acids，简称MAAs)，使其身体呈现出特殊的橙色。然而，对于枝角类浮游动物来说，黑色素是最重要的光保护色素，但黑色素高度沉淀的个体样本只在北极或高海拔环境中才能发现，西藏拟溞就是典型的代表。

图5-5　西藏湖泊中采集到的桡足类（橙色）和西藏拟溞（黑色）

即使同一种枝角类水蚤，由于生活在不同的海拔高度，体内黑色素的含量也会明显不同，说明黑色素的合成是水蚤对高海拔紫外线辐射的一种适应行为。

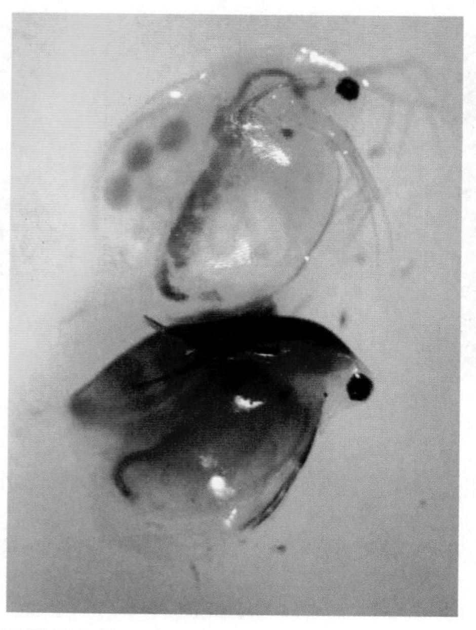

图5-6　温带瑞典地区（上）和亚北极西伯利亚地区（下）的水蚤体色对比（Hansson & Hylander,2009）

2007年，一项发表在*Ecology*的研究首次揭示，淡水浮游动物通过合成色素和逃避行为（在水层中的垂直移动）的综合策略来避免紫外线损伤。桡足类主要通过合成色素防晒，而枝角类则倾向于通过垂直移动到水层深处来躲避日晒。对于不能合成色素的枝角类而言，垂直移动是躲避紫外线辐射的有效手段，而对于可以合成色素的种类，就有资本冒险在水面表层获取更丰富的食物。在实验室内，当提供强紫外线辐射时，枝角类的色素含量增高；当撤销紫外线辐射后，枝角类的色素含量迅速减少了40%，这是一种比较经济节约的做法。然而，西藏拟溞长期生活在西藏高原环境中，已经适应了强紫外线辐射条件，其体色呈现深黑色或黑褐色，即使其离开高原环境被带回室内长期培养，仍然可以保持“英雄本色”，但我们感觉它似乎不如在野外那么黑，更偏向于褐色了。

西藏拟溞体内黑色素的化学结构、合成路径以及生理功效尚不清楚。随着这些基础研究工作的不断开展，将抗紫外线作用的黑色素作为资源开发的重点，生产可用于人的保健食品和防晒化妆品，这可能是更具有商业前景的一条路线。只有定位于西藏特殊的环境条件，才能真正发掘出西藏拟溞的资源优势。

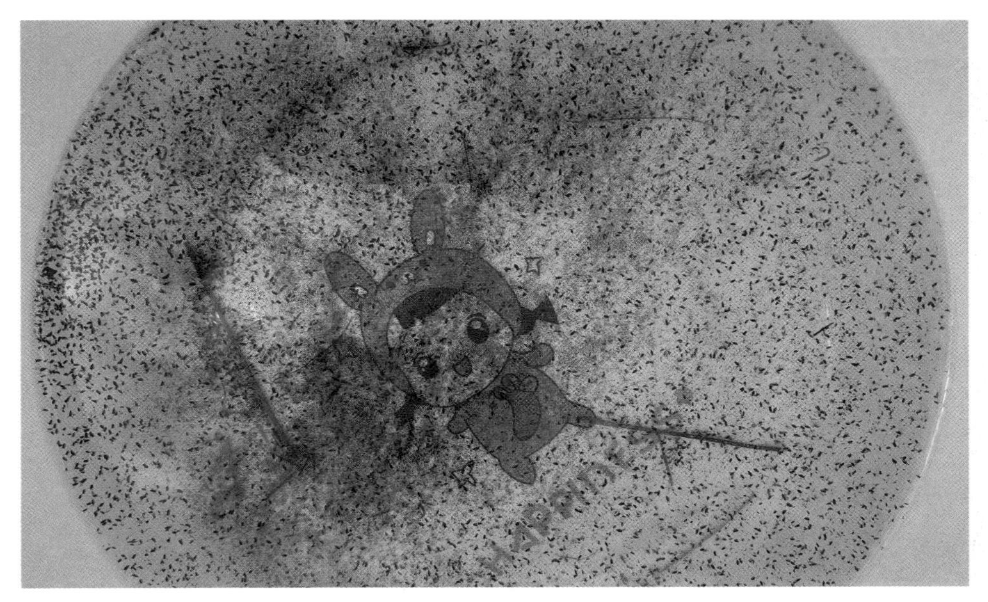

图5-7　纳木错蕴含着丰富的西藏拟溞资源

卤虫（*Artemia*）又名盐水丰年虫，属于甲壳纲，无甲目，卤虫科，是一种体长在1～1.5厘米的大型浮游动物。世界卤虫学的研究历史已经长达260多年，在生物学和生态学方面积累了大量的研究成果。除了两极地区之外，几乎在世界各地的盐湖和沿海高盐水域都有卤虫的分布。全世界有报导的卤虫产地有500多处，我国已发现的卤虫分布点有60余处，可分为沿海盐田和内陆盐湖两类：沿海盐田主要分布在黄海和渤海，内陆盐湖主要在新疆、青海、山西、内蒙古、西藏等地。

卤虫的身体分为头、胸、腹三部分，分节十分明显。头部有5节，胸部有11节，腹部有8节（其中前1～2节愈合）。头部具有一个单眼和一对带有柄的复眼，第一触角呈丝状，第二触角雌雄两性有差异，雌性第二触角呈突起状，雄性第二触角由两节组成，是宽扁呈斧头状的执握器，繁殖交配时用于抱住雌体一起“拥泳”。胸部的每节都有一对板状的胸肢，内侧边缘呈叶片状，是游泳和呼吸的器官。雌性腹部有卵囊，雄性腹部有一对交配器。腹部末节有两个扁平的尾叉，边缘长有刚毛。卤虫的体色，在高盐水域呈红色，低盐水域呈灰白色。西藏的班戈错，由于湖水盐度极高，那里的卤虫常年呈现鲜红的颜色，远远望去十分明显。卤虫的耐盐能力十分出众，不仅适盐范围广，还特别能耐高盐，甚至能在饱和盐度下生存。此外，卤虫还有很强的对温度和溶氧的适应能力，在6～35℃的温度范围、1毫克/升溶氧浓度至饱和溶氧浓度，它都能顽强地生存下来，真可谓浮游动物中的枭雄翘楚！

图5-8　中华卤虫（*Artemia sinica*）（赵文 等，2010）

卤虫的分类比较特殊。凡是孤雌生殖的卤虫，统称为孤雌生殖卤虫（*A. parthenogenetica*），然后在这个名字后面加上产地以示区别。两性生殖的卤虫以生殖隔离为标准，划分成不同的姐妹种（sibling species）或总种（superspecies）。

正如之前介绍过的，轮虫和枝角类同时具备

孤雌生殖和两性生殖，随外界环境变化自由地切换，而桡足类只有两性生殖。卤虫跟它们都不一样，要么是孤雌生殖，要么是两性生殖，二者之间是种间差别，不受环境的影响，两种生殖方式的卤虫存在生殖隔离，也就是不能杂交繁育后代。一般来说，雌体一生能够生殖5～10次，一次产卵80～150个。孵出的无节幼体需要经过12～15次蜕皮才能长成成体，寿命为2～3个月。

更有趣的是，无论是孤雌生殖卤虫还是两性生殖卤虫，都有卵生和卵胎生两种生育方式。卵生是指子代以卵的方式自母体产出；卵胎生是指子代以无节幼体的方式自母体产出，一出生就是活蹦乱跳可以自由活动的小家伙。在卵生方式下，它的卵也分冬卵和夏卵，环境好时产夏卵，环境恶劣时产冬卵。跟轮虫和枝角类一样，夏卵无须滞育即可孵化出无节幼体，冬卵（休眠卵）在母体的卵囊内发育至4 000个细胞即停止发育进入滞育期，排出体外后需要经过适当的环境刺激才能重启胚胎发育孵出无节幼体。这种冬卵就是水产养殖中大量使用的卤虫卵。

20世纪30年代，美国和挪威的科学家发现，卤虫的无节幼体可以作为鱼虾苗

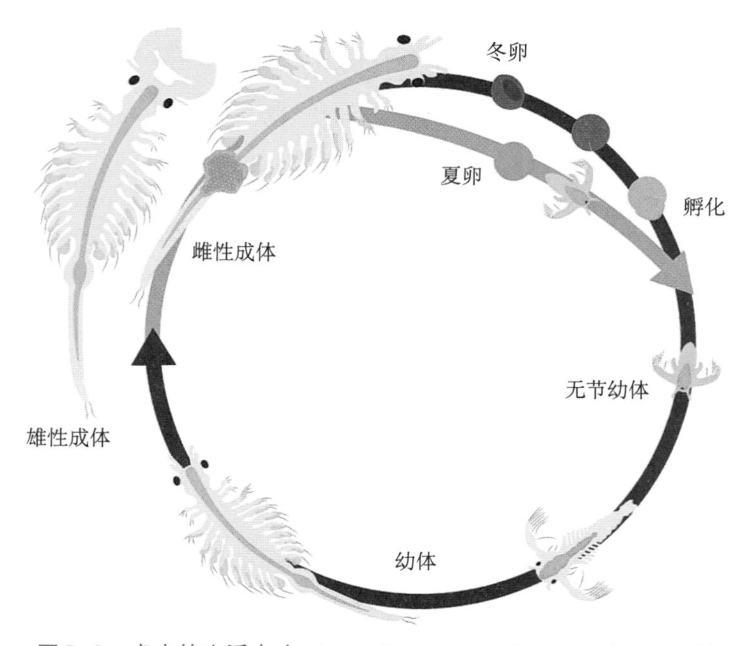

图5-9　卤虫的生活史（artemia.inveaquaculture.com/artemia/）

期的饵料，开创了水产养殖育苗的新时代。如今，卤虫的休眠卵、无节幼体和成体都是水产养殖行业的重要生物资源。休眠卵具有很厚的三层卵壳，能够抵御干燥、寒冷、缺氧、高盐、高温、紫外线辐射等极端恶劣的环境条件，即使在鸟类的消化道内也不会被水解酶分解，而且容易被风、水流、动物和人的活动散播，具有易保存、易流通、随用随取的特点。在水族市场上，普通市民都能方便地买到商品化的卤虫卵，按照说明操作就可以在家中孵化出无节幼体，为家中养鱼投喂带来别样的乐趣。在水产养殖业，卤虫可是比轮虫名气更大的生物活饵料呢。

在2000年以后调查的藏北湖泊中，面积在10平方千米以上，且可供卤虫生长即盐度大于45克/升的湖泊共计27个，占到所调查湖泊总数的33.33%。其中有卤虫分布的为16个，占所调查湖泊总数的19.75%，占具备卤虫生长条件湖泊总数的59.26%。那些没有卤虫的盐湖，学者们将其称之为“空白盐湖”。对于发展西藏卤虫产业而言，这些“空白盐湖”具有十分重要的意义。从水域面积和体积比例上，它们占到这27个盐湖合计面积的70%以上，仅多格错仁的面积就超过400平方千米。通过引进优良卤虫品种到空白盐湖，可以获得经济性状良好的卤虫卵，成为牧民致富之路和西藏当地的税收之源。西藏盐湖分布区周围没有现代工农业污染，不存在其他产地常见的农药残留或重金属污染等问题，而这些因素正是中国卤虫卵出口受限的重要原因。目前，西藏的卤虫资源利用已经有了成功的案例，为当地藏民致富开辟了新渠道。如果能配合当地鱼类养殖业协调发展，就有望形成一条完整的产业链，必将创造更高的商业价值。

西藏渔业历史悠久。在距今约四五千年的拉萨曲贡文化遗址，就发现了鱼骨和渔具。迄今为止，有文字记载的西藏渔业和食鱼相关历史，也已经有1 400多年。达布地区大致是今西藏山南市加查县和林芝市朗县，那里是古代西藏地区渔业生产和消费的重要区域，至公元601—629年，雅江沿江地区已有普遍食鱼的传统。在《敦煌本吐蕃历史文书·赞普传记》的歌词中，多处出现与鱼有关的歌词：“吁！去年、前年、更早之年头，在滔滔大河之对岸，在雅鲁藏布之彼岸，仇敌森波杰啊！如同鱼儿被切成块，切成块后被除灭，从几曲河中捕鱼者，是义策邦道日也……”歌词中提到的“捕鱼”“切成块”之类的内容，反映出当时人们捕鱼、食鱼的普遍性。《赞普传记·松赞干布事迹》中唱道：“我等所得一份饮食，是鱼和麦子，吃起来是吃不完者，吃吧！（实在没有意思）不想吃它！鱼，确是一条大鱼啊！见到（大鱼）就抓吧，把鱼挂上铁钩子，能挂上就把它挂上吧！”可见，在公元7世纪，即吐蕃王朝鼎盛时期，在雅鲁藏布江中游地区已盛行吃鱼。而且，鱼同麦子一样是主要食物。后来，因佛教自印度传入西藏，吃鱼之风才渐渐减弱。受宗教信仰和社会制度等原因的影响，旧西藏渔业生产得不到统治阶级的重视，对捕鱼为生的人极度轻视并有时会施用私刑。即便如此，西藏的渔业生产也没有完全停止。直到1959年以后，在宗教圣地拉萨近郊曲水县拉萨河与雅江流经的地区，仍然还存有一个纯渔民村。1960年，中国科学院动物研究所的科研人员，对西藏主要河流和大型湖泊进行了渔业与水生生物科学考察，采集了大量的鱼类和水生生物标本。

根据历史资料和新近科学调查，西藏鱼类主要包含71个种或亚种，其中很多都是青藏高原所特有的类群，即鲤科裂腹鱼类、高原鳅属鱼类、鮡科鱼类，其他类群合计仅有7种。2021年，新颁布的《国家重点保护野生动物名录》中，尖裸鲤、拉萨裂腹鱼、巨须裂腹鱼等西藏土著鱼类已经被列为国家二级保护动物。在《关于做好“十三五”水生生物增殖放流工作的指导意见》中提出，到2020年，西藏共需增殖放流内陆经济物种1 000余万单位、珍稀濒危物种200余万单位。淡水主要增殖放流经济物种（区域性物种）包括高原裸裂尻鱼（*Schizopygopsis stoliczkae*）、拉萨裸裂尻鱼（*Schizopygopsis younghusbandi*）、双须叶须鱼（*Ptychobarbus dipogon*）、裸腹叶须鱼（*Ptychobarbus kaznakovi*）；主要增殖放流珍稀濒危物种包括尖裸鲤（*Oxygymnocypris stewartii*）、澜沧裂腹鱼（*Schizothorax lantsangensis*）、拉萨裂腹鱼（*Schizothorax waltoni*）、巨须裂腹鱼（*Schizothorax macropogon*）、黑斑原鮡（*Glyptosternum maculatum*）。

图5-10 扎加藏布河中抛网捕捞的鱼类（摄于2014年9月）

据西藏自治区农业农村厅畜牧水产处和林芝市农业农村局负责人介绍，近年来西藏本地水产养殖总量不大，年产量在60～100吨之间徘徊，大宗食用鱼类每年需要从国内其他省份引进2 000吨左右，主要从宁夏、四川等地运入。拉萨、林芝等地在援藏项目支持下，建设了数家小型大宗淡水鱼养殖场，主要养殖对象有鲤鱼、鲢鱼、罗非鱼和鲶鱼等。西藏还有几处亚东鲑（*Salmo trutta fario*）和虹鳟（*Oncorhynchus mykiss*）等冷水性鱼类的养殖场，其中前者是西藏日喀则市亚东县的特产，获准全国农产品地理标志，而后者又是著名的冷水性经济鱼类。截至2018年，西藏自治区农业农村厅在全自治区只为雅江流域的43艘皮筏、木船等小型渔船发放了捕捞许可证，该流域年均捕捞鱼类总量约为280吨。由此可见，西藏地区的鱼类资源尚未获得充分的开发利用，这里面既有宗教、文化、历史、饮食习惯的原因，也有政策、教育、管理、科学知识与技术普及不到位的原因。

从食用鱼类的市场需求量来看，西藏冷水鱼养殖具有广阔的前景。以鲑、鳟类冷水鱼为例，它们的生态适应能力强，又是人们喜爱的平民化优质鱼类。因此，鲑、鳟类是发展盐湖水产养殖的理想首选。产自雪域高原的肉质鲜美的高档鱼类，无污染、无抗生素的健康养殖过程，加上具有富硒特色的西藏冷泉水环境，完全可以成为备受消费者欢迎的绿色食品。

图5-11　中国地质科学院色林错基地鱼池中的裸鲤（摄于2015年5月）

5.4 如何合理利用生物资源

在阿拉斯加海域闹出“海獭危机”时，大陆另一端的加拿大纽芬兰岛却上演了一场更大的危机。加拿大纽芬兰省的鳕渔业具有500年的历史。在这几百年间，每年的鳕渔获量维持在10万～20万吨，自然死亡、捕食猎杀和合理的人为捕捞之间保持着平衡。其中，捕捞量占到总资源量的10%，不影响鳕种群的延续。20世纪60年代，外国远洋捕捞船进入这片公海海域，每年至少捕捞80万吨鳕，占到总资源量的30%以上，导致鳕现存量不能维持增长需要，鳕种群数量开始下降。1977年，加拿大政府开始控制鳕捕捞行为时，天然鱼卵数量已经从1962年的150万吨降低到了几十万吨。20世纪80年代中期，鳕总量停止增长，维持在20世纪60年代总量的25%。20世纪80年代末期，鳕鱼苗数量突然锐减，个体生长速度更加缓慢，寿命也更短了。1991年，该海域的鳕目标渔获量已经不能实现，因为该目标值超过了整个种群的总量。1992年7月2日，加拿大渔业与海洋部部长约翰·克罗斯比

(John Crosbie) 宣布禁止纽芬兰的鳕捕捞，古老的传奇渔业戛然而止，成为世界渔业危机开始的象征。

曾经，鳕（codfish）就是鱼的代名词。纽芬兰的鳕资源丰富，也是该地被殖民的重要原因之一。鳕渔业的崩溃，导致2万人突然失业，纽芬兰经济大萧条，政府投入10亿元税收弥补经济损失，围绕鳕建立起来的岛屿文化根基也被动摇。2010年，鳕资源才有了重新恢复的迹象，但至今依然没有恢复往日的风采。全世界的鳕资源都有被过度捕捞。然而，欧洲的鳕业并没有崩溃，每年渔获量维持在总资源量的30%～50%之间，鳕种群数量并未明显下降。一旦降低捕捞强度，鱼群就会迅速繁盛。美国的缅因湾和乔治斯海滩，鳕资源在过度捕捞下依然维持着较高资源量。挪威北部与俄罗斯接壤的巴伦支海，是世界上鳕资源量最大的地方。2010年，这里的鳕资源量约有400万吨。冰岛的鳕资源也十分丰富，每年都以最大捕获量捕捞，但却从未导致过种群崩溃。可见，不同地区的生态条件存在差异。即使同样面临过度捕捞威胁，但结局却可能完全不同。这给我们带来一个需要认真思考的命题——究竟如何利用生物资源才是合理的？

中国是全球主要的螺旋藻产销国之一，形成了内蒙古、江西、江苏、云南等几大主产区。2020年，我国螺旋藻产量在6 020吨左右，国内市场需求总量约为4 120吨。然而，2014—2020年，螺旋藻的市场规模从3.6亿元下降至1.76亿元，明显呈现萎缩趋势。从一开始热炒概念，到后来盲目扩张市场规模，直至如今迅速萎缩，螺旋藻行业给我们上了一堂生动的生态经济学课。除了消费者对于商业元素的新鲜感会逐渐下降之外，几乎任何商业模式都遵循固有的发展规律。以生态学上的环境容纳量这一概念来解释，就显得非常贴切。所谓环境容纳量（K）是指一个生态系统能够容纳的最大种群个体数。

如果将消费市场看作一个生态系统，那么全体螺旋藻产业规模相当于该系统内的种群数量。当种群数量超过环境容纳量且环境遭到严重破坏时，种群就会迅速消亡且无法恢复；当种群数量超过环境容纳量但环境破坏程度轻微时，种群数量会在

K值附近上下波动，形成所谓的逻辑斯蒂曲线形态；当种群数量超过环境容纳量且环境遭到严重破坏时，种群也可能不会彻底消亡，但原有的环境容纳量大大降低，种群数量会在新的K值附近维持合理浮动。显然，螺旋藻产业规模比较接近第三种情况。凭借螺旋藻这个概念本身具有一定的实质价值而非纯粹空洞的商业炒作，其产业规模回落到理性水平是对当初市场过热的正确反应，而此时的消费人群是对螺旋藻产品有刚需的客户。第一种情况对社会的伤害最大，企业倒闭之后留给市场一地鸡毛，相关从业人员一哄而散再就业，给国民经济造成的损失是不可估量的。理想的状态是，以温和理性的方式使整体产业逐渐接近市场饱和度，通过合理的市场竞争维持一定的规模，使整个行业实现长期的可持续发展。

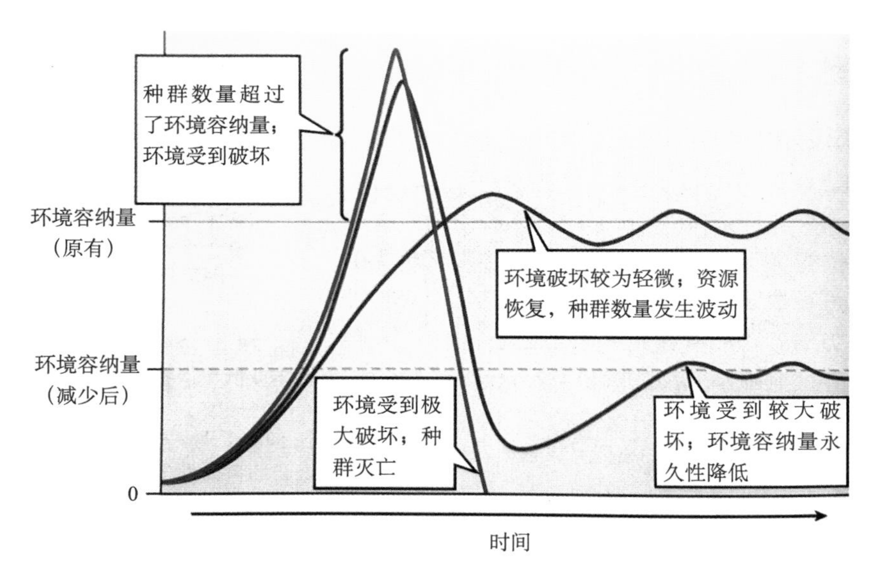

图5-12　环境容纳量与种群数量的三种关系（奥德斯克 等，2016）

围绕西藏湖泊开展的渔业经济活动仅仅是起步阶段。据中国渔业年鉴数据显示，2016 年西藏渔业捕捞产量约为832吨，其中400～500吨竟然是卤虫。卤虫最主要的捕捞作业区位于那曲市双湖县的其香错，该湖泊面积约为142平方千米，其卤虫资源不仅成为上千牧民的致富手段，相关产业还成为该县最大的一项财政税源。但是总体来讲，西藏渔业经济在整个农业经济中占比非常小，按当年价格计算，西藏自治区2016年渔业经济总产值为6 087万元，仅占农业总产值的0.1%左右。西藏拥有近2 000平方千米的空白盐湖区域，这对于当地牧民来说是一个可以利用的潜在资源。事实证明，向空白盐湖引进优质卤虫不仅具有潜在经济意义，可能还具有重要生态意义。2003年，对尼玛县当穹错的调查证明，该湖生物区系贫乏，缺少大型浮游动物，无卤虫存在，56平方千米水面上只有不到30只鸥鸟活动。2004年，向该湖引进了在中国盐湖品系中经济性状较为优秀的青海卤虫卵。2008—2009 年，卤虫已形成稳定的自然种群。2009—2011年进行资源评价，卤虫卵稳定资源量达到100吨/年以上，可开发量为14吨/年。2013—2014年进一步调查核实，评估卤虫可开发量达到40吨/年以上，潜在直接经济效益在130万元以上，并且出现了以卤虫为食的赤麻鸭、绿头鸭、黑颈鹤等近10种鸟类，数量达到数千只。2014年，对当穹错的鸟类调查表明，全年停留的鸟类数量达到12 000多只，候鸟迁徙路线也发生了偏转，以往该湖空域范围方圆数十千米内未见候鸟迁徙经过，目前出现了数量可观的迁徙群体。在充分利用当地资源优势发展经济的同时，生物多样性水平获得大幅提升，可谓一举两得。2014年，我们第一次科考途径当穹错时，有幸看到了湖中的卤虫，湖泊周围一片生机盎然的景象。

卤虫以浮游植物为食进行生长繁殖，其虫体资源又是冷水鱼的食物蛋白源，而鱼类的粪便和饵料碎屑，既可以直接为卤虫提供少量饵料，又可以为浮游植物补充因卤虫产品输出而损失的营养盐。从生态角度看，这种养殖模式是一种良性的互利循环。同理，西藏拟溞也是一种重要的渔业饵料资源，采用半漂浮式网箱养鱼，即可达到渔业利用的目的。科研工作者擅长对生物资源保有量进行科学调查与评估，并有针对性地提出资源利用的种种建议。然而，随着产业发展规模逐渐壮大，一系列问题也会相应出现。

2003年8月7日，澳大利亚海上巡逻舰“南方支持者”号发现，赫德岛附近的澳大利亚200海里专属海区内，有一艘非法捕捞船只。这艘船叫做维亚萨1号，注册地是乌拉圭。澳大利亚海军历时21天，长达6 200多千米紧追不放，一时成为电视新闻大热点。维亚萨1号在南非被逮捕，船上有95吨的小鳞犬牙南极鱼，被澳政府以100万美元拍卖。而经过两年的漫长审判，船上5名船员却被无罪释放了，维亚萨1号被报废。全世界在公海和国家专属海区的非法捕捞，每年获利可达100亿～200亿美元，世界每年总渔获量的30%来自非法捕捞。小鳞犬牙南极鱼在北美称为智利海鲈鱼，在西班牙称为黑鲈鱼，是一种生活在南冰洋寿命很长的深海鱼类，以其细腻洁白的鱼肉深受食客喜爱。20世纪70年代，这种鱼主要在智利、阿根廷被捕捞。随着市场认可度提高，需求量开始加大，非法捕捞的风险低、收益高，让很多人愿意铤而走险。因此，立法与司法环境对于科学合理利用生物资源十分重要。法无可依、有法不依或者执法不到位，都会让原本美好的愿景落空。除了法律问题之外，还要注意管理方法。

洛克（loco）是一种肉食性的海生蜗牛，常见于智利和秘鲁的礁石海岸，大的有拳头那么大，是当地餐桌上的美味佳肴。20世纪70年代以前，洛克是当地人在退潮时，潜水捕捉的对象。20世纪70年代以后，国家鼓励出口并给出补贴，洛克出口到了亚洲，被称为“智利鲍鱼”，并且需求量稳步上升。1980年，洛克渔获量增加了4～6倍。外地人过来争夺资源，当地人为了保护资源不被侵犯，暴发了冲突，俗称“洛克战争”。20世纪80年代开始，洛克渔获量不断下降，越来越难以捕捉。政府尝试开展了一系列措施，包括禁渔期、限制渔获量等，都以无效告终。1989年，洛克渔业被政府完全禁止。1982年，圣地亚哥的智利天主教大学的一位教授，海洋生态学家胡安·卡洛斯·卡斯蒂利亚，说服了当地海湾渔民留出一定的礁石作为保护区开展试验。两年内，保护区内洛克数量丰富且个头大，而几百米开外的捕捞海岸上洛克却少得可怜。这证明了只要好好管理，洛克资源就会很好地维持。智利海岸有400多个小型渔业社区，被称作海湾（caleta）。每个海湾的渔民都会自发组织一个正式的协会，叫做辛迪加（syndicate）。不同海区的天然条件差异极大。事实证明，智利政府采取“自上而下”大包大揽的统一管理模式，并不适合管理洛克渔业。1991年，智利政府颁布新的渔业法，将渔业管理权完全下放给各个协会。海湾负责制定管理计划，政府评估监督计划的实施。海湾拥有完全独立的合法权利，禁止任何人在其辖区内开发底栖生物资源。自主管理权的施行获得了成功，成为小型固着物种渔业管理的典范。

湖泊，可以视为陆地上的“水岛”，不同湖泊之间被陆地隔离，而每个湖泊内都有自己独特的生物群落。这种状态跟智利不同海湾的海蜗牛资源彼此孤立存在十分相似。此外，西藏地区环境条件特殊，政府的行政管理力度相对薄弱，在渔业生物资源管理方面，可以效仿智利洛克渔业的管理办法，将管理权下放到当地社区，形成民众共同经营管理的模式，以股权形式建立合理的财富分配办法，增强民众对本地生物资源的归属感和保护意识。政府主要负责监督实施、数据收集、政策宣讲和科学技术教育培训等。

以我个人的观点来说，不提倡将产业做强做大，而是提倡保持适当的规模，寻求小而精的长远发展。曾经被称为水产第一股的上市公司獐子岛集团，因为“扇贝事件”牵扯出了财务造假丑闻，这就是资本逐利，片面追求做强做大的惨痛教训。西藏独特的高原地理环境，其生物资源产品具有天然的特殊属性，唯有就地利用、发展产业，才能实现其资源价值，迁移至异地利用不仅成本高昂，产品品质还无法与原产地相媲美，价值势必会大打折扣。

传统产地位于辽东半岛的刺参，几年前开始在南方沿海地区养殖，这种“北参南养”的做法是极为不可取的，盲目扩大产业规模追逐利益，势必会带来不良后果。西藏生物资源产品以就地消化为主，富余产量以贸易形式销往外地，就如同其他地区的产品流通到西藏一样。不竭泽而渔，不焚林而猎，不提前把子孙后代的饭吃完，这就是最朴实无华的可持续发展之道。

参考文献

REFERENCE

陈立婧，杨菲，吴淑贤，等，2013. 西藏那曲地区盐湖浮游植物群落结构的特征[J]. 上海海洋大学学报，22(4): 577-585.

户国，都雪，程磊西，等，2019. 西藏渔业资源现状、存在问题及保护对策[J]. 水产学杂志，32(3): 58-64.

贾沁贤，刘喜方，王洪平，等，2017. 西藏盐湖生物与生态资源及其开发利用[J]. 科技导报，35(12): 19-26.

蒋燮治，沈韫芬，龚循矩，1983. 西藏水生无脊椎动物[M]. 北京：科学出版社.

朗嘎卓玛，索朗德吉，索朗平措，等，2016. 进藏大学生急性高原反应危险因素相关分析[J]. 西藏科技(10): 46-48.

李秀美，侯居峙，王明达，等，2021. 青藏高原达则错近1 000年来生态系统及可能机制[J]. 湖泊科学，33(4): 1276-1288.

刘静，李晖，土艳丽，2008. 西藏自治区和北京地区植物的花色比较研究[J]. 西藏科技(11): 68-71.

马捷，李峰，刘晶，等，2012. 高原反应的研究初探[J]. 中国医学工程，20(12): 183-184.

马勇，张西洲，张玉宜，等，2000. 30名女青年初入3700 m高原地区急性高原反应的调查[J]. 西北国防医学杂志，21(3): 196-197.

特丽莎・奥德斯克，吉拉德・奥德斯克，布鲁斯・E・布耶斯，2016. 生物学与生活（原书第10版）[M]. 钟山，闫宜青，译. 北京：电子工业出版社.

汪雨潇，高钰琪，周其全，等，2013. 美国陆军特种兵预防急性高原反应药物简介[J]. 人民军医，56(11): 1270-1271.

王东，2003. 青藏高原水生植物地理研究[D]. 武汉：武汉大学.

王佳音，祁昌炜，朱进守，等，2017. 西藏高原湖泊的基本特征及水化学特征分析[J]. 绿色科技(20): 153-154.

王捷，李博，冯佳，2015. 西藏西南部湖泊浮游藻类区系及群落结构特征[J]. 水生生物学报，39(4):837-844.

王雪艳，苟潇，李继中，2013. 内皮PAS1蛋白(*EPAS1*)基因的研究进展[J]. 安徽农业科学，41(8):3316-3318，3376.

吴玉，宋桐林，刘运胜，等，2017. 居住地地理因素与急性高原反应相关性分析[J]. 重庆医学，46(7):865-867.

向贤芬，虞功亮，陈受忠，2015. 长江流域的枝角类[M]. 北京：中国科学技术出版社.

闫立娟，2020. 气候变化对西藏湖泊变迁的影响(1973—2017)[J]. 地球学报，41(4): 493-503.

杨菲，2014. 西藏盐湖浮游植物及原生动物群落结构特征的研究[D]. 上海：上海海洋大学.

于海彬，张镱锂，刘林山，等，2018. 青藏高原特有种子植物区系特征及多样性分布格局[J]. 生物多样性，26(2): 130-137.

袁显春，郑绵平，赵文，等，2007. 西藏阿里地区盐湖浮游生物生态调查[J]. 地质学报，81(12): 1754-1763.

曾庆高，王保弟，西洛郎杰，等，2020. 西藏的缝合带与特提斯演化[J]. 地球科学，45(8): 2735-2763.

张建林，贾景磊，2003. 青年女性急进高原后急性高原反应发病调查[J]. 解放军预防医学杂志，21(2):113-114.

张莉，吴丽娜，苏嘉轩，等，2016. 西藏大学进藏新生高原反应程度差异的原因探究[J]. 西藏科技(1):23-24.

张清俊，詹皓，2013. 急性高原反应预防措施研究进展[J]. 解放军预防医学杂志，31(4):373-375.

赵文，何志辉，殷守仁，2008. 盐水枝角类的生物学及海水培养利用[M]. 北京：科学出版社.

赵文，殷旭旺，张鹏，等，2010. 中国盐湖生态学[M]. 北京：科学出版社.

Błędzki L A,Rybak J I, 2016. Freshwater crustacean zooplankton of Europe[M]. US: Springer.

Brownlee C, Langer G, Wheeler G L, 2021. Coccolithophore calcification: Changing paradigms in changing oceans[J]. Acta Biomaterialia,120: 4-11.

Gemmell B J, Jiang H, Strickler J R, et al, 2012. Plankton reach new heights in effort to avoid predators[J]. Proceedings of the Royal Society B Biological Sciences,279(1739): 2786-2792.

Guerrero-Jiménez G, Ramos–Rodríguez E, Silva-Briano M,et al,2020. Analysis of the morphological structure of diapausing propagules as a potential tool for the identification of rotifer and cladoceran species[J]. Hydrobiologia,847: 243-266.

Hansson L A,Hylander S,2009. Effects of ultraviolet radiation on pigmentation, photoenzymatic repair, behavior, and community ecology of zooplankton[J]. Photochemical & Photobiological Sciences, 8(9): 1266-1275.

Kloehn J, Harding C R ,Dominique S,2020. Supply and demand – heme synthesis,salvage and utilization by Apicomplexa[J]. The FEBS Journal,288(2): 382-404.

Krug P J,Vendetti J E,Valdes A,2016. Molecular and morphological systematics of *Elysia* Risso,1818 (Heterobranchia: Sacoglossa) from the Caribbean region[J]. Zootaxa, 4148(1):1-137.

LeDoux J,2019. The deep history of ourselves: The four-billion-year story of how we got conscious brains[J]. Nature,572(7770): 437-438.

Liang Z,Geng Y K,Ji C M,et al,2020. *Mesostigma viride* genome and transcriptome provide insights into the origin and evolution of Streptophyta[J]. Advanced Science,7(1): 1901850.

Pennisi E,2018. The momentous transition to multicellular life may not have been so hard after all[J]. Science,28(80): 6.

Petrusek A,2017. Preface: 10th international symposium on cladocera,lednice,czech republic[J]. Hydrobiologia,798: 1-4.

Raisuddin S,Kwok K W H,Leung K M Y,et al,2007. The copepod *Tigriopus*: A promising marine model organism for ecotoxicology and environmental genomics[J]. Aquatic Toxicology,83: 161-173.

Ratdiff W C, Denison R F, Borrello M ,et al,2012. Experimental evolution of multicellularity[J]. Proceedings of the National Academy of Sciences of the United States of America,109(5): 1595-1600.

Sorvari S,2001. Climate Impacts on remote subarctic lakes in Finnish Lapland: limnological and palaeolimnological assessment with a particular focus on diatoms and Lake Saanajärvi[D]. Helsinki: University of Helsinki.

Turko P W,2011. Ecological differentiation in a hybridizing cryptic species complex[D]. Kingston: Queen's University.

Xu J ,Chmela V,Green N J,et al,2020. Selective prebiotic formation of RNA pyrimidine and DNA purine nucleosides[J]. Nature,582(7810): 60-66.

名 称 索 引

B

N

O

P

R

S

U

W

Z

F

G

H

J

K

L

M

N

P

X

Y

Z